우리는 모두 '나'라는 토대 위에 인생이라는 건축을 합니다. 그 과정 속에서 자신만의 의미와 목적을 찾아 청사진을 그리지만, 문득 텅 빈 도화지 앞에 선 것처럼 막막해지는 순간이 찾아옵니다. "이 방향이 맞나?" "혹시 무너지지는 않을까?" 불안감이 엄습하기도 하죠. 그런 우리에게 필요한 것은 앞서나간 선배들의 조언일 겁니다.

이 책은 자신만의 마천루를 쌓아 올린 세계적인 거장들의 '설계 노트'를 훔쳐볼 수 있는 책입니다. 아무리 멋진 건물도 설계 없이 지을 수 없듯, 여러분의 삶과 커리어의 조감도가 필요할 때 이 책을 꺼내 보시기 바랍니다. 단단한 조언들이 인생의 건축물을 더욱 견고히 만들어줄 겁니다.

_드로우앤드류 (자기계발 크리에이터, 《럭키 드로우》 저자)

design **형태와내용사이**

팁 프롬
더 탑

Tips from the Top
팁 프롬 더 탑

창작의 기본과
이니셔티브에 관한 원칙 66

Architects
Share Their
Advice
for Success

켄 양, 클리퍼드 피어슨, 라그다 알하얄리 엮음
정지현 옮김

디플롯

차례

→ 과정

→ 조언에 대한 조언

모든 조언은 있는 그대로 믿기보다 걸러서 들어야 한다.
어떤 사람에게는 큰 도움이 되는 말이 다른 사람에게는 전혀
소용없을 수도 있다. 반대로 지금은 별 의미 없어 보이는 말이
훗날 더없이 귀중한 교훈으로 다가올 수도 있다. 코미디언들이
늘 입버릇처럼 말하듯, 모든 것은 타이밍에 달려 있다.

건축가 유진 콘Eugene Kohn은 1970년대 후반, 콘 페더슨
폭스Kohn Pedersen Fox, KPF를 설립하던 시기에 있었던 한 만남을
자주 회상하곤 했다. 그 자리에서 한 영향력 있는 사업가가
그에게 이렇게 말했다. "성공은 무엇에 동의하느냐 못지않게,
무엇을 거절하느냐에 달려 있습니다." 그 만남은 그에게
답답함만 안겨주었다. 당장 그에게 필요한 것은 조언이 아니라
클라이언트와 프로젝트였기 때문이다. 그는 어떤 의뢰도
거절할 처지가 못 되었다. 몇 달 뒤, 그는 이전 직장에서 일한 적
있는 한 국가에서 진행되는 대규모 프로젝트를 제안받았다.
하지만 그 일을 맡으려면 새 회사 KPF는 아주 많은 인력을
충원해야 했고, 출장을 비롯한 각종 비용에도 막대한 자금을

쏟아부어야 했다. 그는 경험상 그 나라의 의뢰인들은 대금 지급과 비용 정산이 더디다는 것을 알고 있었다. 다른 수입원이 생기기도 전에 큰 빚을 지게 된다면, KPF는 자리를 잡기도 전에 무너질 수 있었다. 불과 몇 달 전에는 성가시게만 들리던 조언이 그 순간 전혀 다른 의미로 다가왔다. 결국 KPF는 그 의뢰를 거절했다. 머지않아 그 나라의 지도자가 권좌에서 축출되었고, 대규모 프로젝트를 추진하던 인물들 또한 뿔뿔이 흩어졌다. KPF는 절체절명의 위기를 가까스로 피한 셈이었다.

이 책은 전 세계 건축가들과 설계 전문가들이 전하는 다양한 조언을 모아 엮은 것이다. 우리는 그들의 이야기를 일곱 가지 주제로 나누어 정리했다. 시작, 영감, 가치, 몰입, 과정, 자기계발, 그리고 결단. 어떤 조언들은 동시에 여러 주제에 걸쳐 있기도 하다. 여러 조언에서 공통적으로 강조되는 주제는 하나다. 스스로를 가두는 경계에서 벗어나 자유롭게 나아가야 한다는 것. 이는 건축 실무에만 국한되지 않고, 이 책을 읽고 활용하는 방법에도 그대로 적용될 수 있는 조언이다.

이 책이 건축을 진로로 고민하는 이들부터 건축학도를
거쳐 이제 막 업계에 발을 들인 졸업생 등을 비롯해서 다양한
독자들에게 의미 있는 길잡이가 되기를 바란다. 조언은
흔히 윗사람에게서 내려오지만, 곁에 있는 동료나 심지어
후배에게서 배우는 것 또한 지혜로운 일이다. 또한 건축의
울타리를 넘어선 곳에서도 영감과 아이디어를 구할 수 있기를
바란다. 편견 없이 마음을 열고 바라본다면 영화와 책, 낯선
주제의 글과 미술 전시, 우연히 들은 대화, 숲속 산책, 인구통계
자료, 비즈니스 동향, 과학소설, 심지어 시에 이르기까지 모든
것이 디자인에 대한 당신의 사고를 넓고 깊게 만들 수 있다.

이 책을 읽을 때는 익숙한 이름뿐 아니라 낯선 이름에도
주목하라. 당신이 사는 곳 가까이에 있는 건축가뿐 아니라
지구 반대편에서 활동하는 건축가들에게도 눈을 돌려보라.
온라인에서 그들의 작품과 글을 찾아보고, 이 책에 담긴
짧은 조언을 넘어 그들이 삶 전반에 걸쳐 지켜온 신념과
프로젝트들을 탐구해보라.

이 책은 작은 간식 상자와 같다. 출출하거나 약간의 도움이 필요할 때 언제든 열어 영양가 있는 조언을 얻을 수 있다. 그중 어떤 생각은 여러 번 들어야 비로소 마음 깊이 와닿아 진정한 가치를 발하기도 한다. 이 과정에서 신뢰는 필수다. 당신이 높이 평가하는 안목과 전문성을 갖춘 사람들과 인맥을 쌓으라. 그들의 호의를 당연하게 여기지 말고, 시간이 흐르면서 당신이 얼마나 성장했는지 소식을 전하라. 성공한 사람들은 자신의 조언이 실제로 효과가 있다는 사실을 확인하고 싶어 하며, 그래서 도움이 필요한 사람을 기꺼이 돕기도 한다. 그 점을 현명하게 활용하라.

당신에게 행운이 함께하기를!

덧붙이는 말. 이 책 프로젝트는 2020년, 전 세계적인 팬데믹이 촉발되기 직전에 시작됐다. 아랍에미리트의 스물여덟 살 건축가가 선배들에게 성공을 위한 조언을 구하기 시작한 것이 계기였다. 그녀는 곧 다른 젊은 건축가들에게도 이러한 조언이 절실히 필요하다는 사실을 깨닫고, 프로젝트에 "Tips from the Top"이라는 제목을 붙여 조언을 구하는 범위를 넓혀갔다. 그 과정에서 그녀가 연락한 건축가 중 한 사람이 켄 양Ken Yeang이었다. 그는 이 아이디어를 무척 마음에 들어 하며 자발적으로 프로젝트에 참여하겠다고 나섰다. 이후 켄은 클리퍼드 피어슨Clifford Pearson을 끌어들여 함께 조언들을 정리했다. 시작의 문을 열었던 젊은 건축가는 라그다 알하얄리 Raghda AlHayali이며, 이 책은 그녀의 첫 작품이다. 위대한 아이디어는 언제나 꼭 위에서 내려오는 것만은 아니다.

BEGINNINGS
시작

→ 아이디어가 스스로 말해야 한다

디자인은 **대담해야 한다!**

런던에 위치한 왕립예술대학에서 최종 프로젝트 리뷰가
열릴 때마다, 우리의 훌륭한 지도교수 제임스 고원James Gowan
은 늘 이렇게 말했다. "너희는 말이 너무 많아!" 그는 우리가
창작의 에너지를 하나도 남김없이 작품에 쏟아내기를 바랐다.
그렇게 완성된 작품을 전시장에 걸고 마지막 핀을 꽂는
순간에는 탈진할 정도가 되어 "도면이 모든 것을 말하게 하라"
라고 강조했다.

건축가는 건물 앞에 서서 "이게 콘셉트입니다. 디테일을
보세요"라고 클라이언트를 비롯해서 건물을 보러 온
이들에게 일일이 설명할 수는 없는 노릇이다. 건물은 스스로
말해야 한다. 모든 것을 말할 수 있어야 하고 남녀노소 누구나
이해할 수 있어야 한다.

우리는 일본에서 건축가로서의 여정을 시작했는데,
언어가 통하지 않아 대부분의 클라이언트가 우리의 말을
알아듣지 못했다. 따라서 디자인이 스스로를 설명해야 했고,

그만큼 **대담할** 필요가 있었다.

대담하라. 당신의 아이디어가 스스로 말하게 하라.

아스트리드 클라인 Astrid Klein, **마크 디덤**Mark Dytham
영국 왕립예술대학을 졸업한 둘은 1991년에 클라인 디덤 아키텍처KDa를
함께 설립했다. 클라인은 캘리포니아대학교 버클리캠퍼스(UC버클리)에서
초빙교수를 지냈고, 현재는 도쿄의 무사시노대학교에서 건축학을 가르치고
있다. 디덤은 일본 내 영국 디자인 발전에 기여한 공로로 2000년에
대영제국훈장을 수훈했다.

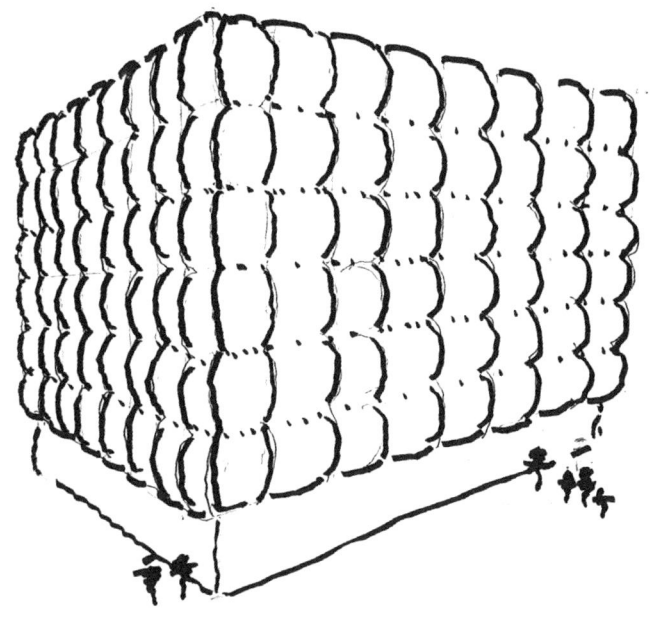

퍼퍼puffer, 공기 주입식 파사드, 일본 도쿄

→ 읽기, 그리기, 여행하기

첫째, 건축에 관한 글을 탐독하라. 역사, 이론, 전기를 두루 읽어라. 그것이 곧 당신의 사유와 작업을 떠받치는 단단한 토대가 될 것이다. 학자, 건축가, 역사학자의 글을 두루 읽으면 당신만의 어휘가 발달하고, 그것을 어떻게 활용할지에 대한 이해도 깊어질 것이다.

둘째, 그림 그리는 법을 배우라. 드로잉은 건축가에게 필수적인 기술이다. 드로잉 능력을 기르는 것은 자신의 고유한 콘셉트를 탐구하고 그것을 효과적으로 전달하는 데 필요하다. 손으로든 디지털로든, 도면은 건축가가 클라이언트와 동료, 시공팀과 협력하여 건축물을 완성으로 이끄는 핵심 수단이다. 정교하고 아름다운 도면을 그리기 위해 기울인 노력은 반드시 당신의 작업 결과에 드러난다.

마지막으로, 여행을 많이 하라. 문화적, 건축적으로 뛰어난 장소와 건축물을 직접 찾아가보라. 과거와 현재를 막론하고, 존중과 겸허함을 담아 다른 건축가들의 작품을 바라보라. 그들이 설계 과정에서 마주한 도전과 기회를 어떻게 다루었는지 배우면 당신의 작업도 한층 성장하게 된다.

성공적인 건축은 환경적, 문화적으로 그 장소와 깊이 맞닿아 있다. 열린 눈과 열린 마음으로 여행한다면 이는 건축이 어떻게 문화를 형성할 수 있는지에 대한 더 깊은 이해로 이어질 것이다.

아서 앤더슨 Arthur Andersson

앤더슨/와이즈의 공동대표다. 2014년에 미국건축가협회 펠로우로 임명되었고, 1994년부터 현재에 이르기까지 미국건축가협회 오스틴지부 및 텍사스건축가협회 등으로부터 40여 개의 상을 받았다.

스톤 크릭 캠프, 미국 몬태나주 빅포크

→ 첫 프로젝트에 다 쏟아부으려는
유혹을 뿌리치라

원대한 포부를 지닌 젊은 건축가들은 첫 의뢰에서부터 현실적인 제약에 부딪히곤 한다. 신참 디자이너들은 열정과 성급함이 뒤섞여 첫 프로젝트에 소중한 아이디어를 모조리 쏟아부어 거창한 디자인을 구상하려 한다. 그러나 대개 빠듯한 예산에 소규모로 진행되는 초기 프로젝트는 그들의 넘치는 창의성을 온전히 담아내기 어렵다. 건축가의 끝없는 열망이 프로젝트의 본질적 한계와 맞부딪히면 결과는 파국으로 흐르기 쉽다. 최선의 경우, 그 설계는 애초에 현실로 이루어질 수 없는 공상에 그친다. 최악의 경우, 혼란스럽고 완성도 낮은 건물이 탄생한다. 어느 쪽이든 신진 건축사무소의 평판에 이로울 리 없다.

하나의 프로젝트에 자신의 상상력을 모두 담을 수 없다는 사실을 인정하고, 그중에서도 자신에게 깊은 울림을 주는 한두 가지 구체적인 목표를 추려내는 것이 중요하다. 의도적이고 전략적으로 몇 가지 요소에 집중하면 수많은 제약을 뚫고 나아갈 수 있다. 이러한 맞춤식 접근은 모든 프로젝트를 단계적 성장을 위한 디딤돌로 바꿔준다. 성공은 거창하고 웅장한 개념이 아니라 각 프로젝트의 건축적 목표를 얼마나 정확히 실현했는가로 평가된다.

요컨대 내 조언은 이렇다. 첫 프로젝트에 모든 비전을 쏟아붓고 싶은 유혹을 뿌리치고, 핵심 요소에 전략적 우선순위를 두어라. 이렇게 절제된 접근을 통해 건축가는 커리어의 토대를 단단히 다질 수 있다. 조각들이 모여 그림을 이루듯, 프로젝트 하나하나가 쌓여 건축가의 더 큰 비전을 완성해간다.

세바스티안 슈말링 Sebastian Schmaling

존슨 슈말링 아키텍츠 파트너이자 위스콘신대학교 밀워키캠퍼스 실무교수를 맡고 있다. 《아키텍처럴 다이제스트Architectural Digest》 선정 '미국 건축계의 떠오르는 스타 10인'에 이름을 올렸다. 미국 내에서 건축 관련 상을 가장 많이 받은 건축가로도 알려져 있다.

→ 더딤의 아름다움

건축은 더딘 예술이다. 실행에는 막대한 자원이 필요하고, 완성된 뒤에도 우리의 삶 속에서 그 의미가 드러나기까지 오랜 시간이 걸리며, 그 가치를 이해하려면 깊은 관심을 쏟아야 한다.

건축가가 되는 과정은 그보다 훨씬 더 느리다. 건축 환경에 능동적으로 기여하기 위해 필요한 기술적, 전문적, 재정적, 정치적 역량을 갖추려면 긴 시간이 필요하다.

오늘날 우리는 시각적 표현에 지나치게 목매는 문화 속에서 살아간다. 정보는 넘쳐나지만 그것에 온전히 집중할 여유는 턱없이 부족한 시대이기도 하다. 더 빠르고 요란하며 즉각적 반응을 요구하는 다른 분야와 비교하면, 건축은 더디고 시대에 뒤처진 행위처럼 보일 수 있다.

그러나 서두를 필요는 없다. 건축은 다른 문화 영역의 속도와 경쟁할 이유가 없다. 느림은 건축이 가진 가장 큰 자산이다. 당신의 건축에 느림을 허락하라. 작업이 무르익을 기회를 주고, 와인처럼 숙성될 시간을 내어주라. 건축만의 느린

속도를 최대한 활용하라.

　　건축가로 성장하는 데는 시간이 필요하다. 빠른 길을 고집할 필요도, 금세 바뀌는 유행을 좇을 필요도, 초고속 성장 모델을 따라갈 필요도 없다. 천천히 오래도록 타오르는 불꽃이 되어라.

　　느리게, 그러나 꾸준히 탁월함과 진지함을 향해 나아가라. 자신만의 속도로 끈기와 자신감을 가지고 관심사를 추구하라. 느리고 조용하게 집중하는 건축가에게는 잔잔하지만 강력하게 기존의 틀을 바꾸는 디자인이 떠오르기 마련이다.

샤론 존스턴 Sharon Johnston, **마크 리**Mark Lee
존스턴 마크리의 공동 설립자다. 둘은 하버드대학교 디자인대학원에서 학생들을 가르치고 있으며, 리는 2018년부터 5년 동안 학과장을 맡았다. 존스턴은 2015년에 미국건축가협회 펠로우로 임명되었다. 2017년 시카고 건축 비엔날레의 예술감독을 함께 맡았고, 2024년에는 리처드노이트라상을 수상했다.

→ 자명한 것으로부터 벗어나라

건축학도였던 1980년대, 나는 건축이 포스트모더니즘에 깊이 잠겨 있다는 사실을 깨달았다. 당시의 건축은 지나치게 자명한 것에 얽매여 절제된 철학과 접근 방식을 취하는 듯 보였다. 그러나 동시에 건축계 전반은 예술적 장식의 유행과는 별개로 격변의 한가운데 놓여 있었고, 거대한 변화가 다가오고 있다는 기운이 감돌았다. 학교에 다닐 때 그 불확실함을 감지했던 나는 당시 '건축'이라는 이름으로 소비되던 것들과는 거리를 두고자 했다. 그래서 연구하고, 스케치하고, 만들며 나만의 작업에 온 힘을 쏟았다.

졸업하자마자, 순진할 만큼 성급하게 혼자 힘으로 나만의 길을 나섰다. 이탈리아 아드리아해안에 자리한 고대 로마 요새 도시 란치아노의 재설계 국제 공모전에 도전하기로 한 것이다. 도시 종합계획과 건축 아이디어를 구상하면서 나는 의외의 것에서 영감을 얻었다. 17세기 라블레Francois Rabelais의 소설 《가르강튀아와 팡타그뤼엘》이나 미래파 화가 카를로 카라Carlo Carrà의 복잡하고 생생한 그림 같은 것들이었다.

그 기억을 되새겨 내가 줄 수 있는 조언은 이렇다. 위험을 감수할 기회를 찾아 나서라. 뻔한 길에서 벗어나 끝까지 밀고 나가라.

하니 라시드 Hani Rashid
1989년 아심토트 아키텍처를 설립했다. 하버드대학교, 프린스턴대학교, 서던캘리포니아건축연구소SCI-Arc 등에서 초빙교수를 역임했고, 2011년부터는 빈응용예술대학교 교수로 재직 중이다. 2000년 《타임》 선정 '21세기 혁신 리더'에 이름을 올렸으며, 2024년에는 프레데릭키슬러 건축예술상을 수상했다.

→ 꿈, 용기, 신념을 담으라

　　장기적인 목표에 집중하라. 당신은 어떤 건축가가 되고 싶은가? 언젠가 자신의 건축사무소를 여는 것이 꿈이라면, 지금 하는 모든 일이 그 꿈을 키워나가는 데 맞추어져야 한다. 그러나 이것은 생각보다 훨씬 더 어려운 일이다. 내 친구이자 시나리오 작가인 니콜라스 클라인Nicholas Klein은 이렇게 말했다. "닿지 않는 곳까지 손을 뻗으려는 용기는 당신을 연약하게 만들 것이다. 그러나 그 연약함이 당신에게 날개를 달아 당신을 꿈 너머로 날아가게 할 것이다. 물론 그 과정에서 추락할 수도 있다. 하지만 살아남을 가능성이 더 크다. 만약 살아남는다면, 당신은 분명 예전보다 더 나은 사람이 되어 있을 것이다."

　　우리는 변화와 위기의 시대에 살고 있다. 그러나 이것이 새로운 세대의 건축가들에게 놀라운 기회를 제공한다고 믿는다. 인류세는 지구 온난화, 환경 변화, 오염과 폐기물, 그리고 새로운 에너지 자원 기반 경제로의 전환을 안겨주었다. 또한 세계 정치와 경제 권력의 재구성, 건설 및 개발 산업의 세계화, 인구의 증감과 이동, 도시 밀집화, 공공 부문 민영화, 문화적 정체성과 사회 제도의 변화까지 이어지고 있다.

이러한 수많은 도전 앞에서 건축의 전문성과 창의성을 키우고 발휘하는 것은 당신의 몫이다. 다시 말해 자신의 신념을 담아 디자인해야 한다는 뜻이다. 연구 정신을 갖추고 치밀하게, 주도적으로 움직여라. 원하는 것을 분명히 요구하라. 용기 있게 디자인하라. 자신의 생각과 설계, 연구를 다른 이들과 나누어라. 디지털 디자인과 로봇 플랫폼, (생체) 재료 연구, 새로운 제조 기법을 끊임없이 확장해나가려면 전문가들로 이루어진 팀과의 협업이 필요하다.

무엇보다, 즐기면서 하라.

윈카 H. 더벨담 Winka H. Dubbeldam
아키텍토닉스 설립자이자 서던캘리포니아건축연구소 최고경영자다. 2013년부터 2023년까지 펜실베이니아대학교 건축학과 교수 및 학과장을 역임했다. 2021년에는 《디진Dezeen》 선정 '주목해야 할 22인의 여성 건축가 및 디자이너'에 이름을 올렸다.

→ 기다리기만 할 필요는 없다

21세기의 첫 사분기가 거의 끝나가는 지금도 사람들은 여전히 건축을 영웅적인 개인의 성취로 바라보는 경향이 있다. 마치 프랭크 로이드 라이트Frank Lloyd Wright, 하워드 로어크 Howard Roark, 자하 하디드Zaha Hadid 같은 거장들만이 건축물을 세울 수 있다고 믿는 듯하다.

건축은 언제나 고강도 협업의 산물이었다. 시공업자, 컨설턴트, 지역 대표, 공공 기관이 저마다의 역할을 맡는데, 그 사이에서 빠질 수 없는 존재가 바로 클라이언트다. 그들은 건축가에게 설계 해법을 의뢰하는 수요의 원천이다. 일반적으로 부지를 소유하거나 관리하며, 프로젝트 전체를 이끄는 데 필요한 자금의 근원이기도 하다. 우리는 매일 리스크를 감수하는 클라이언트를 존중하고 높이 평가한다.

그렇다면 클라이언트도, 돈도, 부지도, 용도도 없다면 건축도 존재할 수 없는 것일까? 꼭 그렇지는 않다. 내가 배운 가장 큰 교훈이자 우리 사무소가 창립 초기부터 추구해온 가장 성공적인 전략은 이것이다. 조건이 맞아떨어질 때,

건축가는 먼저 움직일 수 있고 또 그래야 한다는 것이다.

전화가 울리거나 연락이 오기만을 기다릴 필요는 없다. 밖으로 나가 스스로 프로젝트를 시작하라. 무엇보다 건축가가 아닌 사람들과 폭넓게 인맥을 쌓아라. 시공업자, 은행가, 정치인 등 다양한 배경과 분야의 사람들과 교류하며, 그들의 이야기에 귀 기울여 세상이 실제로 어떻게 움직이는지 배워라. 그 과정에서 통상적인 절차를 뛰어넘게 해줄 지식과 인맥, 자원을 얻게 될 것이다. 기회를 포착하고, 그 필요를 충족시킬 완벽한 팀을 꾸리는 방법을 배우게 될 것이다. 당신이 이끄는 팀에는 새로운 인맥 가운데서 만난 최적의 클라이언트, 협력자, 일의 흐름을 바꿔나갈 동료가 함께할 것이다. 지금 시작하라.

그레그 파스콰렐리 Gregg Pasquarelli
숍 아키텍츠 설립자이자 대표다. 예일대학교, 컬럼비아대학교, 버지니아 대학교 등에서 20년 이상 학생들을 가르쳤다. 2009년에 스미스소니언 내셔널디자인상을 수상했다. 2016년에 미국 국립디자인아카데미 종신 명예회원으로, 2023년에는 미국건축가협회 펠로우로 임명되었다.

→ 보수가 아니라 얼마나
   배울 수 있는지를 따져야 한다

젊은 건축가와 갓 졸업한 이들은 커리어를 시작할 좋은 터전을 찾아야 한다. 졸업 후 몇 년은 배움의 흐름을 이어가는 데 초점을 맞추어야 한다. 대학에서의 교육은 출발점일 뿐이며, 그다음에는 건축이라는 직업 안에서 현실을 배우는 길이 열린다.

보수가 얼마인지를 따지지 말고, 얼마나 배울 수 있는지를 따져라. 처음 몇 년 동안 쌓은 지식의 깊이가 곧 더 나은 건축가로 성장하는 밑거름이 된다. 그 과정에서 더 큰 책임을 맡게 되고, 더 많은 보상도 따라올 것이다. 가장 좋은 것은 마지막을 위해 아껴두어라.

모하메드 카말 알 슈라파 Mohammed Kamal Al Shurafa
1997년에 설립된 미마르 아키텍쳐+엔지니어링 부사장 겸 아랍에미리트 지사 전무이사다. 미마르는 아랍에미리트, 카타르, 사우디아라비아, 이집트, 이라크 등에 열 곳 이상의 지사를 두고 있으며, 700명 이상의 직원이 근무하고 있다.

→ 모든 측면을 경험하라

건축을 단순한 직업이 아닌 커리어로 받아들여라.
금전적 유혹이나 좌절에 흔들려 그 길에서 벗어나지 마라.
커리어의 첫 5~10년 동안은 건축의 모든 측면을
경험하라. 콘셉트 기획, 표현, 렌더링, 디테일 설계, 시공 도면
작성, 자재 사양서 작성, 현장 답사까지 빠짐없이 해보라.

비켄 마세레지안 Viken Mahserejian
미마르 아키텍쳐+엔지니어링 아랍에미리트 지사 총괄이사다. 모하메드
살라후딘 아키텍츠&엔지니어스의 건축 디렉터, 두바이 소재 건축회사
DAR의 수석 건축가 등을 역임했다.

INSPIRATION
영감

→ 자신의 작업에 대한 무한한 신뢰

1991년 무렵, 내가 드로잉과 개념적 건축 설계 작업을 해온 지도 약 8년이 되어 있었다. 당시 주로 화가나 작가 같은 가상의 클라이언트를 정해두고 가상의 부지 위에 지을 집들을 구상했다. 비록 현실의 프로젝트는 아니었지만 실제 의뢰처럼 생각하며 도면을 그리고 모형을 만들었고, 디자인을 수없이 수정하며 발전시켰다. 이 과정은 나에게 매우 중요한 훈련이었다. 공간과 구조, 시나리오(삶의 풍경) 사이의 관계를 탐구하고 이해할 수 있었기 때문이다. 나는 '용도' '기능' '프로그램' 같은 단어들을 좋아하지 않는다. 그런 표현들은 너무 차갑게 느껴진다. 대신 네 개의 방(거실, 주방 및 식당, 침실, 욕실)으로 이루어진 주거 공간을 구상하며, 구조와 공간을 설계하는 동시에 삶의 방식까지 디자인했다. 시간은 흘러갔고, 그 집들이 실제로 지어질 수 있을지는 여전히 알 수 없었다.

2013년, 내가 1991년에 설계했던 버티컬 글래스 하우스를 파트너 루리자魯力佳와 함께 다시 살펴보게 되었다. 이 디자인은 《신건축新建築》이 주최한 공모전에 출품하기

위한 것이었다. 우리는 이 작품을 황푸강변에 독립적인
파빌리온을 세우려는 대규모 전시, '웨스트 번드 건축 및
현대미술 비엔날레'에 제출했다. 주최 측은 이를 받아들였고,
결국 원안에 따라 완공되었다. 이 건물은 스튜디오 겸 게스트
하우스로 쓰이고 있으며, 곧 카페로 일반에 공개될 예정이다.

2022년에는 내가 30년 전 설계했던 집들 가운데 세 채가
닝보시의 에듀케이션 포럼 단지 안에 지어졌다. 지금은 게스트
하우스와 전시, 강의 공간으로 활용되고 있다.

오래된 설계가 이렇게 현실로 구현된 것은 큰
행운이었다. 하지만 행운만으로 된 일은 아니었다. 우리가
끝까지 우리의 작업을 믿었기에 가능한 일이었다.

장융허张永和
아틀리에 페이창 지엔주FCJZ 설립자이자 홍콩대학교 건축학부
석좌교수다. 메사추세츠공과대학교MIT 건축학과 교수 및 학과장,
하버드대학교와 미시간대학교 석좌교수 등을 역임했다. 2011년부터
2017년까지 프리츠커건축상 심사위원으로 활동했다.

→ 다른 분야 전문가의 비평을 요청하라

영화나 회화처럼 건축과 밀접하게 연결된 시각예술 분야에 관심을 기울이라. 이 두 분야 모두 내 사고방식에 영향을 주었지만, 작업에서 가장 중심적인 역할을 하는 매체는 그래픽 디자인이다.

재료, 색, 기하학을 통해 공간이 시각적으로 구성되는 방식을 탐구하라. 나아가 그래픽 디자인의 기법과 감각을 활용해 책, 인쇄물, 디지털 형식으로도 작업을 구현할 수 있다. 시각적 표현을 통해 공간을 구성할 때 타이포그래피와 그리드가 어떤 역할을 하는지를 이해하고자 한다면, 빔 크라우웰Wim Crouwel, 이르마 붐Irma Boom, 요제프 뮐러브로크만 Josef Müller-Brockmann 같은 이들의 작업을 연구하라.

화가가 작품에 액자를 씌우거나 영화감독이 장면을 구성하듯, 그래픽 디자인을 통해 작업에 맥락을 부여하고 그것이 어떻게 해석될지에 영향을 줄 수 있다. 강의 형식일지라도 말과 이미지(정지 화면 또는 영상)가 함께 어우러지게 구성한다면, 그 화면은 영화의 오프닝 타이틀이나 책 디자인처럼 접근할 수 있다. 텍스트를 특정한 방식으로 활용해 핵심을 강조하거나 분위기와 미감을 더 깊이 전달하라. 왼쪽 정렬된 산세리프체sans serif의 모던한 스타일을 선호하든, 가운데 정렬된 세리프체의 고전적인 스타일을 선호하든 (혹은 그 중간 어딘가를 선호하든), 건축 프로젝트를 구성하고 뒷받침하는 그래픽 디자인의 형식과 언어는 섬세하게 다루어야 한다. 다양한 스타일을 과감히 실험하고, 유능한 그래픽 디자이너에게 직접 디자인을 의뢰하거나 작업에 대한 비평을 부탁하라. 이러한 디테일이야말로 사람들에게 당신의 아이디어를 전달할 때 결정적인 역할을 한다.

닐 데나리 Neil Denari
닐 M. 데나리 아키텍츠 대표다. 2002년부터 캘리포니아대학교 로스앤젤레스UCLA 건축학과 교수로 재직 중이다. 1986년부터 컬럼비아대학교를 시작으로 UC버클리, 프린스턴대학교 등 유수의 학교에서 학생들을 가르쳤다. 미국예술문학아카데미 건축가상(2008), 미국건축가협회 LA지부 금메달(2011) 등을 수상했다.

→ 기본을 놓치지 않는 것이 기본

나는 오래전부터 나무의 아름다움에 매료되었다. 뿌리는
땅속 깊이 내려가 흙을 단단히 움켜쥐고 성장하기 위한 힘을
치열하게 모으며, 잎과 가지는 하늘로 자유롭게 뻗어 바람에
흔들린다. 이러한 긴장 상태는 오늘날 건축가의 일에 필요하다.
세상이 아찔할 만큼 빠르게 변하고, 당신의 디자인 감각이
아무리 상호작용적이라 해도 기본만은 놓치면 안 된다.
빛, 공기, 스케일, 분위기, 재료의 성질처럼 우리의 몸과
마음을 건축과 이어주는 영원한 가치에 열정을 쏟으라.

동공董功

벡터 아키텍츠 설립자다. 칭화대학교, 중국 중앙미술학원, 일리노이대학교
등에서 초빙교수로 활동 중이다. 2021년 뉴욕현대미술관MoMA에서 열린
첫 번째 중국 건축 전시에 참여했으며, 베니스 건축 비엔날레에도 두 차례
참여했다. 영국 왕립건축가협회 우수상, 아카시아건축상 등을 비롯한 40여
개의 상을 받았다.

팁 프롬 더 탑

동공, 〈보이지 않는 장면 09Scene of Unseen 09〉

→ 뒤집고, 뒤집고, 또 뒤집으라

25년이 넘는 실전 경험 끝에 내가 발견한 가장 유용한 조언은 이것이다. 생각을 뒤집으라! 건축물, 도시, 경관을 다루는 건축가는 끊임없이 문제의 해결책을 찾으려 하지만, 기존의 통념과 굳어진 관행에 생각이 갇혀버리기 쉽다. 그 결과는 대개 실망스러울 만큼 뻔하다. 그러나 생각을 뒤집으면 언제나 놀라운 결과로 이어진다.

만약 우리가 도시의 청사진을 부지에 억지로 끼워 맞추는 대신, 자연이 스스로 도시의 형태를 빚어가도록 한다면 어떨까? 그러면 전혀 다른 도시가 태어날 것이다. 그곳의 거주자들은 빗물 관리, 아름다운 풍경, 신선한 공기와 먹거리 등 자연이 베푸는 풍요로운 혜택을 누릴 수 있다. 만약 건물의 안팎을 뒤집어 단단한 벽으로 '안'과 '밖'을 구분하는 대신, 내부 벽을 자연이 깃든 공간으로 바꾸어 침실 안에 고사리가 무성하게 자라도록 한다면 어떨까? 그러면 단숨에 더 건강한 주거 공간이 만들어질 것이다. 또, 배수가 잘되는 땅에만 나무를 심어야 한다는 기존의 생각을 뒤집어 물속에

나무를 심는다면 어떨까? 그러면 홍수에 유연하게 대응하고
기후변화에도 강한 숲이 밀집한 도시 한복판에 생긴다.
그곳은 새를 비롯한 야생동물들과 사람들이 함께 누릴 수
있는 특별한 휴식 공간이 될 것이다.

유콩젠俞孔坚

투렌스케이프 설립자다. 1997년에 중국으로 돌아와서 북경대학교
건축조경대학 학장을 지냈고, 2010년부터 2014년까지는
하버드대학교에서 방문교수로 활동했다. 도시의 회복탄력성을
탐구하는《랜드스케이프 아키텍처 프론티어스Landscape Architecture
Frontiers》를 창간했다. 조경 및 건축 분야의 공로를 인정받아 2016년에
미국예술과학아카데미 명예회원으로 임명되었다.

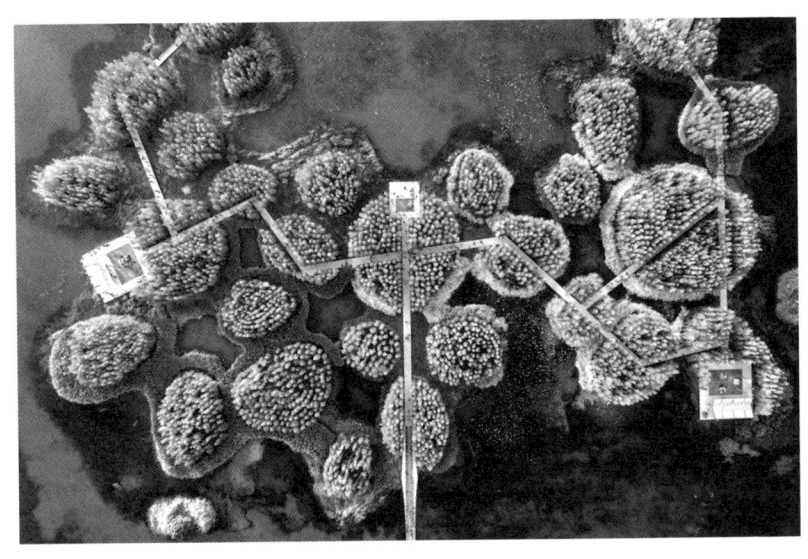

회복력 강한 도시를 위한 수상 floating 숲인 피쉬테일 파크, 중국 난창시

→ 여행이 곧 삶이다

안데르센Hans Christian Andersen은 "여행이 곧 삶이다"라고
말했다. 나는 건축가에게 가장 위대한 기술은 드로잉이라고
생각한다. 이 기술은 국경을 넘어 보편적으로 통용되기에
전 세계 어디서든 소통할 수 있는 공통 언어가 된다. 우리는
여행하며 선조들이 설계한 도시와 건축물을 직접 마주한다.
다른 문화권과 나라들을 여행하고 일하는 경험은 우리의
시야를 넓혀준다. 그것이 우리를 더 나은 건축가로 만든다.

카이우베 베르그만 Kai-Uwe Bergmann
2006년부터 비야케잉겔스그룹BIG의 파트너로 재직 중이다.
플로리다대학교, 버지니아대학교 등에서 강의했고 2019년에는
미국건축가협회 펠로우로 임명되었다. 홀심재단상(2014), 아가칸건축상
(2016) 등을 수상했다.

→ 어제와 오늘의 조화를 추구하라

호기심은 창의성에 활력을 불어넣는다. 창의성은 기존의 생각을 시험하는 데서 비롯된다. 우리는 과거를 비판하고 의문을 던질 수 있다. 그러나 현재의 건축은 과거의 건축에 담긴 특성과 가치를 이어가도록 발전해야 한다. 건축가로서 우리는 기존의 아이디어와 새로운 아이디어 모두에 끊임없이 질문을 던져 해답을 찾아야 한다. 그리고 마침내 변화를 선택해야 한다. 변화를 자아내는 일은 결코 쉽지 않다. 지식은 물론, 목표를 지탱하는 강한 의지가 필요하다. 그러나 그만한 가치는 충분하다.

모더니즘의 개척자이자 예술적 모험가였던 요제프 알버스Josef Albers는 제2차 세계대전을 앞두고 유럽에서 미국으로 건너갔다. 그는 그곳에서 새로운 형태의 예술에 영감을 불어넣었다. 오늘날의 건축가들 역시 서로의 아이디어를 빌려 발전하고, 이를 토대로 새로운 예술을 창조해야 한다. 시대는 변하고 있고, 젊은 건축가들은 최첨단 디지털 기술을 다루는 능력이 매우 뛰어나다. 그러나 새로운

기술은 옛 방식과 조화를 이룰 때만 사회에 진정한 가치를
더할 수 있다.

루카 니콜레티 Luca Nicoletti

비야케잉겔스그룹 수석 건축가이자, 유엔 경제사회이사회와 협약한
비영리기구인 국제건축아카데미IAA 교수다. 로마건축가협회와 이탈리아
국립도시계획연구소 회원으로 활동 중이다. 그의 작품은 2012년
여수세계박람회 주제관 국제현상설계 공모전의 당선작으로 선정됐다.

→ 상상하되 겸허하라

상상력으로 보고 느낄 줄 아는 사람이 되어라. 창의성이
드러나는 다양한 형태에 마음을 열라. 건축의 영역을 넘어,
온몸의 전율을 일으킬 만큼 벅찬 감동을 주는 작품들을
찾아보라. 안테나를 세우고, 신선하고 창의적인 발견에 귀
기울이라. 문화와 자연이 선사하는 최고의 순간을 온전히
받아들이라.

비전을 품으라. 마음은 이렇게 모아둔 '최고의 순간'에
대한 인상과 기억을 저장해두었다가 불러내어, 새로운
프로젝트의 비전을 창조할 수 있다. 그 비전에 대해 동료들과
공감대를 나누어라. 비전은 혼자가 아니라 여럿이 공유할 때
힘을 발휘한다. 강렬한 비전은 언제나 사람들을 끌어들이므로,
동료들을 당신의 비전 안으로 초대하라. 모두가 명확히
이해할수록 비전은 더 큰 성공으로 이어진다.

새로운 기회를 포착하고 받아들일 준비를 하라.
재능만으로는 충분하지 않다. 좋은 기회를 알아보고
붙잡아야만 재능이 한 단계 더 성장한다.

지금, 이 순간에 충실하라. 성실한 태도로 일하며 문제를 해결하는 사람이 되어라. 자신의 생각을 가장 효과적으로 전달하고, 협업에도 기꺼이 참여하라. 도전에 맞닥뜨렸을 때는 스스로 해결할 수 있다는 믿음을 가지라.

현실을 있는 그대로 받아들이고 거기에 적극적으로 참여하라. 모든 상황을 현실적으로 인식하되 복잡함에 맞설 때는 겸허하라. 진정한 멘토를 찾으라. 가르침을 주고, 자신감을 북돋워주며, 당신 또한 위대해질 수 있다고 믿게 해주는 그런 사람 말이다.

그리고 언제나 진정한 자신을 잃지 말라.

로저 더피 Roger Duffy
1995년부터 2018년까지 스키드모어, 오윙스 앤 메릴SOM에서 파트너로 재직했다. 2007년에 미국건축가협회 펠로우로 임명되었다. 그리니치 아카데미, 디어필드 아카데미, 스카이스크래퍼박물관 등의 건축 설계에 참여했다.

→ 경계를 탐험하라

혁신은 서로 다른 분야가 만나는 교차점에서 탄생한다. 그러므로 다방면에 능하고 다양한 잠재력을 지닌 사람이 되도록 노력하라. 여러 분야의 전문성을 기르고, 폭넓은 지식을 활용해 복잡한 문제를 해결하라. 기억하라. 새로운 아이디어는 서로 다른 영역이 맞닿고 지식이 교류되는 자리에서 비로소 피어난다.

이야드 알사카 Iyad Alsaka
메트로폴리탄건축사무소OMA 파트너다. 2015년 새로 설립된 OMA의 두바이지부 책임자로 임명되었다. 그가 설계한 두바이의 워터프론트 시티 마스터플랜은 전 세계적으로 호평을 받았다.

→ 자연을 소환하라

마음을 담아 디자인하라. 자연이 당신의 캔버스에
영감을 불어넣도록 하라. 꿈의 바람이 돛을 가득 채워 당신을
거친 모험으로 이끌게 하라.

이마드 카이얄리 Imad Kayyali
컨트롤드 인바이런먼트 아그리컬처 디자인CEAd 부사장이다.
요르단대학교에서 학생들을 가르쳤고, 1995년부터 2001년까지는
두바이시청에 근무했다. 두바이에서 1만 5000여 채 단위의 주거지를
관리하고 설계했다.

VALUES
가치

→ 실수는 실패가 아니다

열정은 특권을 뛰어넘는다. 성공은 출신 배경에서 비롯되지 않는다. 내가 바로 그 증거다. 나의 아버지는 이탈리아에서 건너온 이민자였고, 혼자서 아이 넷을 키우며 삶을 일구기 위해 평생 열심히 일했다. 건축에 대한 당신의 열정은 어떤 세습된 특권보다도 훨씬 멀리 당신을 이끌어갈 것이다. 자신의 일에 끝없이 헌신하라. 혁신하지 않으면 정체된다. 세상이 변하듯 당신도 변해야 한다. 혁신을 받아들이라. 그것은 건축의 생명줄이다. 지속 가능한 방식, 기술의 융합, 최첨단 개념이야말로 당신의 작업을 빛나게 할 것이다.

전통과 진보의 균형을 잡으라. 과거를 존중하되 거기에 얽매이지 말라. 건축은 전통과 혁신이 함께 춤출 때 비로소 활력을 얻는다. 시대를 초월하는 원칙을 현대 문화와 결합하여, 세대를 넘어 울림을 주는 디자인을 창조하라.

리더십은 곧 섬김이다. 세상을 바꾸려 노력하는 이들과 함께하라. 공동으로 추구하는 비전을 통해 사회에 봉사할 수

있다. 진정한 리더십은 영감을 주고, 동기를 부여하며, 모든
이의 강점을 한층 빛나게 한다.

들으라. 그러나 들었던 그대로 따르지는 말라. 사람들은
각자 다른 의견을 내놓을 것이다. 경청하고 배우되 반드시
따를 필요는 없다. 남들과 다르게 생각하고, 자신만의 비전을
추구하며, 새로운 것을 시도해도 괜찮다. 인생에서 가장 큰
후회는 실수가 아니라 시도조차 하지 않는 것이다. 실수는
실패가 아니다. 그저 더 나아지기 위한 반복 과정일 뿐이다.

탁월함에 보상이 따른다. 보상에 집착하지 말고
탁월함에 집중하라. 보상은 헌신과 뛰어난 작업에 자연스럽게
뒤따르는 부산물일 뿐이다.

지역에 뿌리를 두되 사고는 세계로 확장하라. 나의
여정은 인구 2만 명도 되지 않는 플로리다 중부의 작은
마을에서 시작되었지만, 나는 세상에 더 큰 영향을 미칠 수
있다고 믿었다. 세계적으로 사고하는 것을 두려워하지 마라.
디자인은 경계를 넘어선다. 당신의 생각은 눈앞의 환경을 넘어,

더 넓은 세상까지 바꿀 수 있다.

로렌스 스카르파 Lawrence Scarpa

브룩스＋스카르파 대표이자 서던캘리포니아대학교USC 교수다.

하버드대학교, 워싱턴대학교, UC버클리 등에서 방문교수를 역임했다.

미국건축가협회 금메달(2022)을 포함하여 200여 개의 주요한 상을 받았고,

〈오프리 윈프리 쇼The Oprah Winfrey Show〉에 출연하여 리어나도

디캐프리오Leonardo DiCaprio와 인터뷰를 진행하기도 했다.

→ 고통과 시련은 애정에 비례한다

디자인은 언제나 중요하다. 값싸거나 편리할 때만 의미가 있는 것이 아니다. 늘 중요하다. 탁월한 디자인, 다시 말해 삶에 진정한 활력을 불어넣는 환경에서 살아가는 것은 일부 사람들만 누릴 수 있는 특권이 아니다. 좋은 디자인은 민주주의 사회의 구성원이라면 누구나 마땅히 누려야 하는 권리다.

규모나 명성은 중요하지 않다. 우리 회사가 맡는 프로젝트들은 대부분 '고결한 프로젝트'라 부를 만하다. 거대한 예산이 투입되지도 않고 세간의 화제나 기대를 모으는 일도 드물지만, 지역사회에서 대단히 중요한 의미를 지니고 있기 때문이다.

우리는 디자인에 그렇게까지 큰 기대가 걸리지 않은 프로젝트, 사회의 가장자리나 때로는 주변부에서 발견되는 프로젝트에 최선을 다한다. 그런 프로젝트야말로 일상에서 삶의 질에 직접적으로 영향을 미치며, 무엇보다 우리에게 주어진 조건을 극복하기 위한 혁신적인 해법을 요구하기 때문이다.

디자인은 곧 문제 해결이다. 해법이 단순하고 실현 가능하며 전체와 조화를 이룰 때, 그것은 곧 아름다움으로 이어진다. 독창성은 종종 그 가치가 지나치게 과장될 때도 있기는 하지만, 혁신은 세련되고 진보적인 디자인을 위해 필요한 요소다.

디자인은 팀 스포츠와 같다. 혼자서 일하지 말고, 지나치게 심각하게 굴지도 말아야 한다. 최고의 디자인 리더는 다양한 아이디어와 접근 방식 속에서 가치를 발견할 줄 아는 사람이다. 그들은 여러 콘셉트를 다듬어 하나의 더 나은 전체로 직조한다.

건축은 결코 쉽지 않다. 내가 그토록 사랑하는 건축이지만, 솔직히 그 사랑만큼이나 고통과 시련으로 다가온 적도 많았다. 그러나 나를 무너뜨리지 못한 고통은 오히려 나를 단단하게 만들었고, 공간을 창조하는 기쁨과 성취는 모든 실망과 후회를 지워버렸다.

건축에서는 매일이, 모든 도면이, 모든 프로젝트가 곧 새로운 도전이다.

캐럴 로스 바니 Carol Ross Barney

로스 바니 아키텍츠의 설립자다. 1976년 일리노이대학교 시카고캠퍼스에서 강의를 시작했고, 1994년부터는 일리노이공과대학교 건축학과 겸임교수로도 재직했다. 일리노이 링컨 아카데미의 링컨 훈장(2021), 스미스소니언 내셔널디자인상(2021), 미국건축가협회 금메달(2023) 등을 받았다.

→ 인간으로서 먼저 성장하라

세월이 흐르면서 내가 점점 더 뚜렷하게 깨닫게 된 사실이 있다. 건축가 혹은 창작예술의 세계에 몸담은 사람에게 중요한 것은, 단순히 전문가로서의 성취가 아니라 한 인간으로서의 성장이라는 점이다.

정직하게 일한다면 어떤 이의 작업은 곧 그 사람이 누구인지를 비추는 거울이 된다. 세상을 이해하는 방식, 자연에 품는 애정, 사회가 돌아가는 이치를 바라보는 시각 등. 언뜻 크고 막연해 보이는 문제 같지만, 이 모든 요소는 건축가가 설계 과정에서 내리는 수많은 결정의 원동력이 된다. 어디에 그리고 어떻게 건물을 세울지, 건축과 운영에 얼마나 많은 자원이 필요할지, 그 건물이 사회와 환경에 어떤 영향을 미칠지, 그리고 대중에게 어떤 이야기를 전할지까지. 건축물의 성격은 건축가의 사고방식을 고스란히 반영한다. 그것이 소박한지 화려한지, 심오한지, 일시적인 유행을 따르는지, 배타적인지, 너그러운지는 모두 건축가의 태도에 달려 있다.

평생에 걸친 자기 성장은 곧 자신을 알아가는 과정이다.

자신이 진정으로 믿는 것이 무엇인지, 갈망하는 것은
무엇인지를 깨닫는 과정이다. 우리는 만나는 사람, 스승과
친구, 읽은 책, 경험한 사건, 여행한 장소에 영향을 받는다.
이러한 경험은 부분적으로는 우연이지만, 결코 우연만으로
이루어지는 것은 아니다. 우리는 자신이 되고자 하는 모습,
함께하고 싶은 대상에 본능적으로 끌리게 되어 있다. 이렇듯
우연과 선택이 뒤섞인 성장의 과정이 곧 당신이라는 사람을
만들며, 나아가 당신의 건축에도 깊은 영향을 미친다.

리후 李虎

오픈 아키텍처 공동 설립자다. 하버드대학교 디자인대학원 석좌교수로 재직
중이며, 칭화대학교와 중국 중앙미술학원에서 디자인 멘토로도 활동하고
있다. 2023년에 《디진》 차이나 선정 '올해의 건축가'에 이름을 올렸고,
2025년에는 미국건축가협회 명예펠로우로 임명되었다.

→ 지구를 생각하라

인류는 오랜 세월 이 아름다운 행성에 우리 자신에 대해
위대한 무언가를 말해주는 경이로운 건축 걸작들을 세웠다.
그 작품들은 우리의 역사와 인간적 가치의 깊이를 드러내며,
각 시대가 맞닥뜨린 도전에 어떻게 응전했는지 보여준다.
궁극적으로는 시간 속에서 우리의 여정을 기록해준다.

21세기에 들어선 지금, 인류는 원하든 원하지 않든
지구를 돌보아야 할 책임을 지게 되었다. 우리는 이 행성에서
삶과 행복을 이어갈 수 있는 능력에 직결되는 수많은 도전
앞에 서 있으며, 그 무거운 책무를 피할 수 없다.

우리 세대와 미래 세대는 이러한 도전을 어떻게
극복할지에 대해 개인적으로도, 집단적으로도, 생태기술적
차원에서도 깊이 성찰해야 한다.

난관을 직시하되 희망과 긍정적인 비전을 품고 바라보라.

건축가로서 우리는 불타는 열정과 넘치는 에너지로 아직
검증되지 않은 것에 과감히 도전해야 한다. 수많은 실패에도
굴하지 않고 두려움 없이 실험을 이어가야 한다. 각자가 지닌

고유한 재능을 펼쳐 다양성의 풍요로움을 표현하라.

그리고 믿으라. 당신의 여정은 지금까지 쌓아온 지식뿐 아니라, 앞으로 맞이하게 될 미지의 배움 속에서 더욱 값진 보상을 안겨줄 것임을.

자, 준비되었는가?

크리스토스 파사스 Christos Passas

자하 하디드 아키텍츠의 수석 디자이너다. 2007년부터 2010년까지 영국건축협회 건축학교AA School에서 도시 계획, 건축 설계 등을 가르쳤다. 2014년에 영국 왕립건축가협회 펠로우로 임명되었다. 2006년에 영국 왕립건축가협회 유러피언상을 수상했다.

→ "아니요"는 하나의 예술이다

건축가가 "아니요"라고 말하는 법을 배우지 못한다면 그것만큼 끔찍한 일도 없다. 모든 것에 "네"라고 답한다면 진정한 자신으로 살아가기란 거의 불가능하기 때문이다. 거절의 필요성이 가장 절실해지는 순간은 바로, 성공한 이후에 찾아오게 되는 기회들이 넘쳐날 때다. 만약 거절하지 못하고 눈앞의 모든 제안을 받아들인다면, 이미 손에 쥔 것마저 위태로워질 수 있다.

건축가에게 있어서 또 다른 하나의 중요한 순간은 프로젝트가 부족할 때다. 그럴 때는 어떤 기회든 유혹이나 구원의 손길처럼 보이기 쉽다. 그러나 그 프로젝트를 통해 얻게 될 장기적인 가치를 따져보지 않고 무심코 "네"라고 말한다면, 자신을 지키고 성찰할 수 있는 소중한 기회를 잃게 될 것이다. 시간이 흐른 뒤, 과거의 성공과 실패를 돌아보며 '그때 거절할 수 있었더라면 얼마나 좋았을까' 하고 후회할지도 모른다. "아니요"는 분명 하나의 예술이자 오랜 훈련을 거쳐야만 익힐 수 있는 기술이다. 그렇기 때문에 젊을 때 배우는 것이 가장 좋다.

왕후이王輝

어바너스 아키텍처 설립자 겸 대표다. 칭화대학교와 중국과학원에서
객원교수로 활동 중이며, 영국 왕립건축가협회의 공인 건축가이기도 하다.
《건축저널The Journal of Architecture》를 비롯한 주요 학술지들의
편집위원을 역임했다. 어바너스 아키텍처는 미국건축가협회 홍콩지부
건축상, WA중국건축상, 아카시아건축상 등 다수의 상을 꾸준히 받아왔다.

→ 오래도록 아름다울
유산으로서 설계하라

I. M. 페이I. M. Pei는 이렇게 말했다. "아름다움 없는
기능은 없다." 나는 이 말에 공감하면서 기능 없는 아름다움
또한 존재하지 않는다고 믿는다.

건축이 강철과 콘크리트로 이루어지듯, 우리는 오래도록
지속될 아름다움을 담아 세대를 이어가며 가치를 지닐 수
있도록 설계해야 한다.

사람이 혼자서는 살아갈 수 없듯, 건축물 또한 섬처럼
홀로 존재할 수는 없다. 합창단 속에서 독창자가 돋보이되
전체가 조화를 이루는 것처럼, 건축 역시 주변 건축물과
어우러져야 한다.

건축 설계는 말 없는 소통이다. 기하학적 형태와 균형
잡힌 비율의 조화를 통해 기능을 드러내야 한다.

건축물을 설계할 때는 현대성, 지역성, 민족성을 함께
고려해야 한다. 현대적 자재와 기술을 활용하되, 지역의 기후와
풍습, 환경을 반영하고 토착적 디자인의 DNA를 담아내야
한다. 기억하라. 오늘날 우리가 역사적 건축물이라 부르는

것들도 한때는 당대의 현대 건축이었다. 훌륭한 현대 건축은 미래의 유산이 된다.

명성을 좇기보다 사용자의 행복, 환경, 도시를 먼저 생각하라. 맡은 일을 묵묵히 잘 해낸다면 명성은 언젠가 자연스럽게 뒤따를 것이다.

류타이커劉太格

모로 아키텍츠&플래너스 설립자다. 1965년 예일대학교에서 도시계획학 석사 학위를 취득한 후, 1969년부터 1992년까지 싱가포르 주택개발청HDB 과 도시재개발청URA의 최고경영자 및 총괄수석 등을 역임했다. 이후 RSP 건축 설계 및 엔지니어링에 이사로 합류하여 마리나베이 크루즈센터 등을 설계했다.

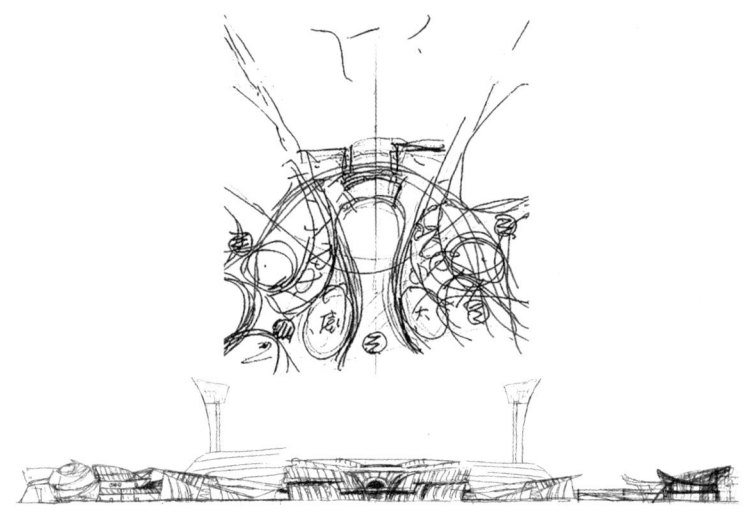

웨이팡 아트 센터, 중국 산둥성

→ '성공한 자'보다는 '훌륭한 자'

내가 무슨 자격으로 이제 막 건축가의 길을 걷기 시작한 이들이나 현직에 종사하는 이들이 가진 포부에 대해 훈계할 수 있겠는가?

그럴 생각은 없다. 다만 나는 생각의 불씨를 지필 수 있는 직접적인 질문을 던지고 싶다. 당신은 성공하고 싶은가, 아니면 훌륭해지고 싶은가?

성공이란 결국 부와 명성을 보상으로 얻는 것을 뜻한다. 이를 위해서는 유행을 앞서가고 언론의 주목을 끌며, 사람들을 놀라게 하는 '와우wow' 효과를 만들어내는 데 우선순위를 두어야 한다.

훌륭해진다는 것은 다른 사람들의 삶을 풍요롭게 하고, 모두가 함께 누리는 환경의 지속적인 건강에 기여한다는 뜻이다. 그러기 위해서는 평범한 사람들의 필요에 공감하고, 자원을 현명하게 사용하는 데 민감해야 하며, 소박하더라도 '배려가 담긴' 건축을 추구하려는 의지가 필요하다. 물론 그런 길이 곧바로 명성이나 부를 가져다주지는 않을 것이다. 그러나 그 길은 당신의 작품을 오래도록 가치 있게 만들어줄 것이다. 언젠가 세상에 '발견되어' 마땅한 인정을 받는 날이 올지도 모른다.

당신은 "성공하면서도 훌륭할 수 있지 않은가?"라고 반문할지 모른다. 물론 가능하다. 하지만 그렇다면 당신은 소수의 거장들과 어깨를 나란히 할 수 있는, 특별한 재능을 지닌 축복받은 사람일 것이다. 그렇다면 굳이 이 글을 읽을 이유가 있을까?

로코 임 Rocco Yim

로코 임 디자인 아키텍츠 설립자 겸 대표. 홍콩대학교 건축학과 겸임교수로도 재직 중이다. 홍콩의 정부청사, 아이스퀘어, 광둥박물관 등을 설계했다. 아카시아건축상 금상(1994, 2003), 영국 왕립건축가협회 건축상 (2021), 홍콩건축가협회 금상(2024) 등을 받았다.

화웨이 컨퍼런스 빌라, 중국 광둥성 선전

→ 자연을 경외하라

디자인에 임하는 당신의 태도에는 자연과 장소적 맥락, 생명에 대한 존중과 선의가 담겨야 한다.

디자인에 관한 당신의 사명에는 문제 해결과 기술, 품질에 대한 관심과 헌신이 담겨야 한다.

추이카이崔愷

중국건축설계연구원CADG 명예회장 겸 수석 건축가이자 CADG 산하 랜드 베이스드 래셔널리즘 디자인&리서치 센터 설립자다. 2003년부터 2011년까지 중국건축학회 부회장을 지냈고, 2013년에 칭화대학교 겸임교수로 임용되었다. 국가우수과학기술인상(1997), 프랑스예술문학훈장 (2003), 량쓰천건축상(2008), 광화룡등상(2018) 등을 받았다.

→ 계속 배우라

배움은 우리 건축사무소의 핵심이다. 우리는 다양한
유형의 프로젝트에 도전하고, 건물이 지어질 지역사회의
목소리에 귀 기울이며, 사무실 안에서 협업하고, 차세대
건축가들을 가르치는 과정을 통해 끊임없이 성장하려고 한다.
우리의 건축 설계는 탐구에서 출발한다. 깊이 있는 이해가
변화를 이끄는 건축을 만든다는 믿음이 그 바탕에 있다.
배움은 또한 우리가 일과 동료, 그리고 세상과 긴밀히 이어지게
하는 비결이다.

우리는 각 프로젝트에서 반복과 수정을 거듭하며
다양한 대안을 제시하고 검토한다. 그 과정에서 도면과 모형,
목업mockup을 통해 직접적인 통찰을 얻고 이를 공유한다.
부지 정보를 분석하는 일부터 프로그램들 사이의 관계를
다이어그램으로 정리하고, 형태적 전략을 발전시키며, 재료의
특성을 탐구하는 데 이르기까지 우리의 작업 과정은 언제나
통합적이다.

팀원들 사이의 소통은 물론, 우리의 작업에 참여하거나

그 영향을 받는 사람들과의 명확한 소통 또한 배움의 본질적 요소다. 자신으로부터, 협력자로부터, 지역사회로부터의 배움은 우리의 협업을 풍요롭게 한다. 또한 더 나은 건축을 가능하게 하며 사무소가 끊임없이 성장하도록 이끈다.

스티븐 카셀 Stephen Cassell, **킴 야오**Kim Yao, **애덤 야린스키**Adam Yarinsky

아키텍처 리서치 오피스ARO 공동대표다. 셋 모두 미국건축가협회 펠로우다. 하버드대학교, 예일대학교, 프린스턴대학교, 컬럼비아대학교 등 유수의 대학에서 강의했고, 미국예술문학아카데미 건축상을 수상했다. 야오는 미국건축가협회 뉴욕지부 회장을 맡기도 했다.

V-솔레이 파사드 차양 프로토타입

→ 넓찍한 시야, 방대한 상상력

2022년 1월 13일, 나는 남극 엘즈워스산맥의 높고
외딴 안부鞍部 | 두 봉우리 사이가 말안장처럼 움푹 들어간 지형이다.— 옮긴이
에 서 있었다. 기온이 섭씨 영하 30도에 달했던 지독하게
추운 곳이었다. 그곳에서 바라본 끝이 보이지 않는 풍경은
경이로움 그 자체였다. 장엄하게 솟아오른 봉우리들이 상상의
나래를 펼치게 했고, 평균 깊이 1800미터에 이르는 빙하가
수평선을 가득 채우고 있었다. 나는 지구의 끝자락, 극한의 땅
위에 서 있었다. 일상으로부터 너무도 멀리 떨어진 탓일지는
모르겠으나, 그곳에서 삶과 지구를 바라보는 특별한 시야를
얻지 않을 수 없었다.

그곳은 바위와 얼음, 적막과 극심한 추위로 이루어진
세계였다. 그곳에 서 있자니 자립심을 배우고, 경외심을
느끼며, 생명이 얼마나 연약한지 깨닫게 되었다. 그러나 동시에
설명하기 어려운 일도 일어나고 있었다. 전날 밤에는 몇
센티미터의 눈이 내렸고, 머지않아 거센 폭풍이 몰려올 것임을
예감할 수 있었다.

남극은 사막이다. 연평균 강수량이 고작 38.1밀리미터 (1.5인치) 즈음에 불과한, 지구에서 가장 건조한 대륙이다. 그런데 내가 엘즈워스산맥에 머무른 2주 동안에는 30센티미터가 넘는 눈이 쏟아졌다. 나는 생각했다. '그래, 지구의 기후가 정말로 변하고 있어. 원래 이런 눈보라가 일어나면 안 되는데.' 며칠 뒤 고지대 캠프에서 또다시 눈보라가 몰아쳤다. 내 머릿속에는 시속 100킬로미터에 이르는 강풍이 더 거세져 내 목숨을 위협할지, 그리고 그 원인이 기후변화 때문인지에 대한 생각뿐이었다. 그날, 그 순간, 나는 기후변화가 두려웠다.

그 여정은 나에게 개인적으로 굉장한 의미가 있는 현장 연구로 기억되었다. 기후변화에 대해 읽고, 듣고, 느꼈던 모든 것이 실제로 눈앞에 펼쳐졌고, 지식과 목적의식을 하나로 이어주는 넓은 시야가 얼마나 강력한 힘을 지니는지 확신했던 시간이었다.

시야를 넓혀라.

목적의식에 따라 움직이는 건축가가 되어라.

스티브 맥코넬 Steve McConnell

NBBJ 이사회 의장 겸 매니징 파트너다. NBBJ는《와이어드》선정 '테크 기업들이 가장 선호하는 건축 회사'(2014),《아키텍처럴 레코드Architectural Record》선정 '가장 빠르게 성장하는 건축 회사'(2020),《타임》선정 '가장 영향력 있는 100대 기업'(2021) 등에 이름을 올렸다.

→ 세상의 필요와 열망,
위협에 귀 기울이라

　　건축가로 일하기 시작하는 순간, 당신은 단순히 자신의
경력과 야망만을 좇는 것이 아니라, 공동체의 선을 지키고
나아가 그 발전을 도모할 책임을 함께 짊어지게 된다는 사실을
반드시 인식해야 한다. 현존 인류의 삶이 사회적, 환경적
취약성으로 위협받고 있는 오늘날에 이 책임은 역사상 그 어느
때보다 절실하다.

　　이 책임을 진지하게 받아들이는 것은 무엇보다 중요하다.
건축은 인간이 만든 환경에서 가장 중요한 주체이자 수호자다.
그 환경의 건전함과 회복력, 지속 가능성은 건축가인 당신의
손에 달려 있다.

　　건축가로서 우리는 기술적 역량뿐 아니라 그것을
떠받치는 이론적 토대까지 활용해야 한다. 우리가 살아가는,
살아가야 할 세상의 필요와 열망, 그리고 위협에 늘 깨어
있어야 한다.

　　우리는 물리적 세계를 지키는 문지기다. 그것은 개인의
목적을 위한 일이 아니라 사회 전체를 위한 책무다.

이것이야말로 지속 가능한 건축을 위한 열쇠다.

캘빈 차오 Calvin Tsao

차오&맥카운 아키텍츠 설립자 겸 대표다. 로마 미국아카데미American
Academy in Rome 이사장, 뉴욕건축연맹 명예회장도 맡고 있다.
미국건축가협회 뉴욕지부 부회장을 지냈고 하버드대학교, 시러큐스대학교,
쿠퍼 유니온 등에서 강의했다. 스미스소니언 내셔널디자인상(2009),
미국건축가협회 뉴욕지부 명예훈장(2022) 등을 받았다.

캘빈 차오, 〈인간과 자연Man and Nature〉

ENGAGEMENT
몰입

→ 협력과 조화를 향하여

아인 랜드Ayn Rand는 20세기 건축가의 이상을 담은
《파운틴 헤드》에서 이렇게 썼다. "인간에게 주어진 첫 번째
권리는 자아의 권리다." 그러나 내가 건축가로 일하며 깨달은
것은, 이 생각(일종의 '프로메테우스적' 건축관이라 부를 만한 발상)
이 더는 유효하지 않다는 점이다. 우리는 이제 협력적 방식으로
일하는 새로운 법을 배워야 한다.

건축은 시대와 함께 변해야 한다. 르 코르뷔지에Le
Corbusier는 저서 《건축을 향하여》에서 "건축은 산업사회의
정신을 구현하는 언어로 재정의될 수 있는가?"라는 물음을
던졌다. 그로부터 100년이 훌쩍 지난 지금, 건축은 또다시
새로운 정의를 요구받고 있다. 최근 우리의 삶을 송두리째 흔든
팬데믹은 물론, 기후변화에서 도시의 분리 현상에 이르기까지
우리가 직면한 거대한 도전들이 건축의 변화를 촉구하고 있기
때문이다.

우리가 학교에서 배운 '건축'이라는 학문만으로는 이제
이러한 도전에 충분히 대응할 수 없다. 젊은 건축가들은 내가

매튜 클로델Matthew Claudel과 함께 쓴 《오픈 소스 아키텍처Open Source Architecture》에서 처음 사용한 개념인 '합창 건축가choral architect'로 스스로를 인식해야 한다. 우리는 더 멀리 나아가 다른 분야의 지식까지 흡수해야 한다. 이러한 초학제적 접근은 이제 막 자신의 사무소를 키워가려는 건축가들이 서로 다른 분야의 전문가 그리고 공동체와 함께, 도시적 차원에서부터 국가적, 세계적 차원의 문제 해결에 힘을 보태도록 이끌 것이다.

카를로 라티 Carlo Ratti

카를로 라티 아소치아티CRA 창립 파트너이자 MIT 실무교수다. MIT 산하의 센서블 시티 랩 소장을 겸임하고 있다. 2026 밀라노-코르티나담페초 동계올림픽 및 패럴림픽 성화 디자인에 참여했다. 케임브리지대학교 박사과정 재학 시절, 움베르토 에코Umberto Eco 등과 함께 이탈리아 대학 개혁을 위한 '프로제토 콜레기움Progetto Collegium'의 발기인에 이름을 올리기도 했다.

→ 결국 호기심과 진정성이다

건축이란 결국 깊은 호기심이다. 눈앞의 프로젝트에 끝없이 매료될 때, 수많은 질문이 자연스레 솟아난다. 나는 불확실한 것을 찾아 그것과 씨름하는 일이, 익숙한 틀에 안주하거나 지나치게 자신만만해지는 것보다 훨씬 더 만족스럽다고 믿는다. 본질적으로 디자인은 자신이 던진 질문들을 프로젝트 안에 담는 방법을 찾아가는 과정이다. 때로는 마음속에 자리한 간절한 질문, 즉 해답을 갈망하는 그 물음 때문에 프로젝트를 시작하기도 한다. 당신에게 가장 중요한 질문은 결국 다른 이들에게도 의미를 지니고 다가갈 것이다.

자기 자신에 대해 호기심을 품어보는 것도 도움이 된다. 왜 건축을 하고 싶은지 그 동기에 대해서 스스로 물어보라. 무엇이 나를 움직이게 만드는가? 건축가가 되기 위해 오랜 시간을 쏟아부었던 교육 과정이 매듭을 지은 지금, 그 누구도 가르쳐줄 수 없고 아무도 대신할 수 없는 당신만의 고유한 강점은 무엇이 있는가? 그 강점을 가꾸어나갈 때 비로소 진정성이 뒤따른다.

잔느 갱 Jeanne Gang

스튜디오 갱 설립자이며, 하버드대학교 실무교수로 재직 중이다. 2009년에
미국건축가협회 펠로우로, 2017년에는 미국예술과학아카데미 회원으로
임명되었다. 《아키텍처럴 리뷰The Architectural Review 》 선정 '올해의
건축가'(2017), 《타임》 선정 '가장 영향력 있는 100인'(2019) 등에 이름을
올렸다.

잔느 갱, 〈마블 커튼Marble Curtain〉

→ 생각, 확신, 행동

생각하라.

포괄적이고 세계적인 시각으로 작업에 접근하라. 사람과 지구 환경, 그리고 전 세계의 개인과 공동체가 직면한 문제들을 깊이 숙고하라.

글로벌 사회가 요구하는 더 큰 과제에 귀 기울이고, 선입견을 개입시키지 말라. 당신의 지식을 작업 속에 녹여내고, 문제 해결의 시야를 넓혀줄 기회를 찾으라. 언제나 사람을 중심에 두고 생각하라.

자연을 생각하라. 기술을 생각하라. 시간을 생각하라. 미래로 향하는 다리가 되어라.

눈앞의 문제를 명확히 규정하고, 창의적이면서도 현실적인 해법을 제시하라.

믿으라.

확신과 성실함으로 작업에 임하라. 그러나 믿는다는 것은 경직된 사고를 뜻하지 않는다. 자신의 작업에 대해 솔직하되,

자신과 타인을 비판할 때는 언제나 건설적인 태도를 가지라.
당신의 작업이 타인에게 어떤 가치를 지니는지 이해하라.

받은 것보다 더 많은 것을 남기라.

끊임없이 아이디어를 시험하고, 배움을 멈추지 말라.

당신의 작업이 앞으로 수 세기에 걸쳐 어떤 영향을
미칠지 숙고하라.

시간의 시험을 견뎌낼 건축물을 만들라.

당신의 작품은 진화할 것이다. 일시적 유행에 휘둘리지
말라.

행동하라.

가슴을 뛰게 하는 일을 찾으라. 신뢰할 수 있고 창의적이며
정직한 사람들과 함께하라. 자신이 아는 범위를 넘어 훨씬
멀리까지 내다보고 미래의 가능성을 발견하라. 건축은
장기전이다. 실험하고, 탐구하고, 꿈꾸라. 그리고 그 꿈을 현실로
이루라. 추상적 생각에만 머물지 말고 미루지 말라.

행동할 때는 나누라. 지식을 공유하고 타인을 돕는 일은 건축 실무의 대화를 풍성하게 하고 공동체의 유대를 깊게 한다.

건축은 곧 당신의 일이자 당신의 삶이다.

그 모든 순간을 즐기라.

고든 길 Gordon Gill

에이드리언 스미스+고든 길 아키텍처AS+GG 공동설립자이자 파트너다. 하버드대학교 객원교수로도 활동 중이다. 2009년에 시카고 최고의 신인 건축가로 선정되었고, 2013년에는 미국건축가협회 펠로우로 임명되었다. '세계에서 가장 큰 인터랙티브 몰입형 돔'으로 기네스 기록을 보유하고 있는 두바이의 알 와슬 플라자를 설계했다.

→ 공동체에 대한 책임

건축가로서의 여정이 시작되는 순간, 당신은 단지 환경에만 영향을 미치는 것이 아니다. 삶과 공동체, 그리고 살아 있는 지구 전체에 막대한 영향을 끼치는 길에 들어섰다는 걸 깨달아야 한다. 내가 건축가로서 일하며 배운 것은, 건축이란 사람과 사람을 연결하고 이들을 하나로 모으는 공간을 가꾸며, 취하는 것보다 더 많이 돌려주는 환경을 만드는 일이라는 것이다.

당신이 이 분야에서 발휘하는 창의성은 건축 설계에 관한 전통적인 사고를 넘어서는 것이어야 한다. 건축은 공동체를 하나로 엮을 수 있어야 한다. 당신이 창조한 공간에서 살아갈 이들의 목소리를 이해하고, 그 목소리들이 더 크게 울려 퍼지게 해야 한다. 또한 예술과 과학, 기술을 연결하고 디지털 설계와 현장 시공을 이어주는 최신 도구를 적극적으로 활용해야 한다.

기억하라. 건축가의 책임은 공동체를 섬기고 북돋우는 데 있다. 당신이 맡는 모든 프로젝트는 단순히 물리적 공간을 새롭게 하는 기회가 아니다. 인간의 정신을 되살리고 활력을 불어넣는 기회이기도 하다.

사람들 사이에 유대와 교류가 자연스럽게 이루어지고, 모든 이가 그 안에서 소속감을 느끼며 내면의 힘을 발견할 수 있는 곳, 공동체가 번영할 수 있는 장소를 만들기 위해 노력하라.

건축의 미래는 긍정적인 영향을 후대에게 유산으로 남겨주고, 배려와 연민 그리고 공동체의 행복에 대한 헌신이 담긴 장소를 만들어내고, 더 나아가 지구와 상생하는 데 달려 있다.

건축가는 미래의 형태를 빚고 바꾸는 막중한 역할과 책임을 지닌다. 한때 머릿속에만 있던 상상을 물리적으로 구현할 수 있는 것이다. 그리고 당신이 지은 건축물은 다시 당신을 빚는다. 건축가이자 인간으로서의 인격과 이해를 한층 더 깊고 단단하게 다져준다. 건축가의 여정은 건축을 넘어선다. 그것은 희망을 빚고, 사람과 사람 사이를 가꾸며,

당신의 헌신과 기여로 더욱 풍요로워진 세상을 그려나가는
과정이다.

미셸 로하킨드 Michel Rojkind
로하킨드 아르키텍토스 설립자다. 서던캘리포니아건축연구소와
카탈루냐고등건축연구소에서 방문교수로 재직했다. 《월페이퍼Wallpaper》
선정 '지난 15년 동안 세계를 뒤흔든 150인의 영향력 있는 인물'(2011),
《포브스》 선정 '현대 멕시코 건축계에서 가장 영향력 있는 건축가'(2013)
등에 이름을 올렸다.

→ 연결하라

건축은 사람들 사이의 관계, 그리고 더 넓은 세상과 맺는
연결로 이루어진 작은 도시와도 같다. 그것은 곧 공간에 관한
이야기다. 사람들이 공간 속에서 시간과 계절, 전통과 발전,
그리고 주변 맥락과 상호작용하며 살아가는 삶의 방식에 관한
것이다. 젊은 건축가들에게 필요한 것은 따를 규칙이 아니다.
이 작은 도시와 공간 속에서 자신을 둘러싼 세계를 온전히
느끼고 배우는 법을 익히는 것이다.

라셈 바드란 Rasem Badran
다르 알 옴란 설립자이자 수석 건축가다. 국제건축아카데미 학술위원회
상임회원이며, 아카시아건축상과 아가칸건축상의 국제 심사위원단 위원을
역임했다. 아가칸건축상(1995), 국제건축아카데미 커리어상(2025) 등을
수상했다.

사우디아라비아 문화부 부자이리Bujairi 개발 프로젝트

PROCESS
과정

→ 책임과 권한은 함께 간다

뛰어난 사람들은 자신의 재능을 발휘하고 싶어 한다. 그들은 더 큰 역할을 갈망하며, 지적 역량을 마음껏 펼칠 기회를 반긴다. 도전적인 과제는 그들에게 성장의 기회를 제공한다. 당신은 (자신의 회사에서) 인재들이 고객을 위해 헌신하고 회사를 가장 긍정적인 방식으로 대표할 수 있도록 최대한 힘을 실어주어야 한다. 구성원들이 잠재력을 최대한 발휘하기 위해서는 그들이 성공에 이르는 데 반드시 필요한 권한이 주어져야만 한다. 권한은 구성원들이 자원을 활용하고, 회사의 발전에 이로운 결정을 내릴 수 있게 한다.

그러나 권한을 주는 일을 두려워하는 관리자들도 있다. 만약 당신이 그런 사람이라면, 권한을 단계적으로 부여하기를 권한다. 인재가 현명한 결정을 내릴수록 점점 더 큰 권한을 맡기라. 책임에 걸맞은 권한이 주어져야 일이 제대로 완수될 수 있다.

내 경험에 따르면 대부분의 서비스 분야 전문가들은 중요한 점을 간과한다. 기술을 연마하기 위해서는 막대한

노력을 기울이면서도 정작 경영에 대해서는 제대로 알지

못한다는 것이다. 경영 기술은 일찍 배울수록 좋다. l 이 글은《예술의

원칙: 세계적 수준의 전문 서비스 기업을 운영하며 얻은 50년의 값진 교훈 Art's Principles:

50 Years of Hard-Learned Lessons in Building a World-Class Professional Services

Firm》에서 발췌했다. l

아서 겐슬러 Arthur Gensler

전 세계 50여 개 지사에 6000여 명의 직원을 둔 세계 최대 규모의 건축
회사 겐슬러의 설립자다. 세계에서 세 번째로 높은 빌딩인 상하이타워,
샌프란시스코국제공항 터미널, 엔비디아 본사 등을 설계했다. 2021년
1월에는 모교 코넬대학교의 건축예술대학에 1000만 달러(한화 약 145억 원)
를 기부했다.

→ 창조적 작업의 주체가 아닌
도구로서의 AI

건축과 건축가가 인공지능이나 디지털 기술에 의해 대체될까? 이 질문은 오늘날 학생들과 건축가들 사이에서 중요한 화두로 떠오르고 있다. 그에 대한 나의 대답은 '아니다'이다. 건축은 예술이며 인류의 가장 중요한 창조적 활동이기 때문이다. 건축은 인류의 가장 오래된 예술이다. 회화, 시, 음악, 조각과 달리 건축은 산과 강, 햇빛, 바람, 중력 등 우리가 살아가기 위해 의존하는 자연의 구성 요소들에 뿌리를 두고 있다. 건축은 인간과 자연, 공간, 재료 들이 긴밀하게 이어진 창조적 예술이다.

우리가 여전히 현실 세계에서 살아가야 하고, 중력과 햇빛 같은 조건이 변하지 않으며, 인간이라는 존재가 근본적으로 달라지지 않는 한, 건축의 본질 또한 변하지 않을 것이다. 따라서 건축가의 창조적 작업은 인공지능이나 디지털 기술로 대체될 수 없다. 오히려 인공지능과 디지털 기술이 던지는 도전은 건축가들이 창의성과 지적 건축이란 무엇이지에 대해 더욱 깊이 사유하도록 자극하고, 그 과정에서

든든한 도구가 되어줄 것이다.

주페이朱锫

스튜디오 주페이 설립자다. 중국 중앙미술학원 건축학과 교수 및
학과장으로 재직 중이며 하버드대학교, 예일대학교, 컬럼비아대학교
등의 방문교수를 역임했다. 2020년에는 미국건축가협회 명예 펠로우로
임명되었다. 2011년 《허프포스트》 선정 '세계에서 가장 영향력 있는 50세
미만 건축가 5인'에 이름을 올렸다.

징더전 황실가마박물관, 중국 징더전

→ 제약이 많다는 것은 촉매다

　　나는 베이징에 살고 있지만 지난 10여 년 동안 저장성 쑹양현과 같은 시골 지역에서 여러 프로젝트를 진행해왔다. 농촌 부흥은 중국뿐 아니라 전 세계적으로도 시급한 과제다. 이를 위해서는 단순히 시골 지역에 건물을 짓는 것만으로는 충분하지 않다. 그 지역의 경제적, 사회적, 문화적 요소를 통합하는 유기적이고 복합적인 구조를 만들어야 한다.

　　그 목표를 위해 우리는 쑹양현에서 '건축적 침술'이라 부르는 방식을 도입했다. 마치 침술이 인체의 혈자리를 자극하듯, 공동체의 핵심에 디자인으로 자극을 가해 전체를 더욱 단단하게 만드는 접근법이다. 이 방식은 농촌 지역에 공공 프로그램을 도입하는 데 초점을 맞춘다. 규모는 아주 작을 수도 있지만 이를 통해 마을의 정체성을 되살린다. 더불어 역사적, 문화적 맥락을 회복하며 경제적 성장을 촉진한다. 통합적 접근 방식이다.

　　농촌 공공 건축은 아직 참고할 만한 구체적 규범이나 기준이 거의 없는 새로운 건축 유형이다. 우리는 많은 부분을 스스로 고안해야 했고, 시행착오를 통해 배우고 있다. 설계 과정에서 드러난 결함은 반드시 이후에 보완해야 한다.

그 과정에서 우리는 먼저 귀 기울이고, 그다음에 창의적으로 사고하는 법을 배웠다. 쑹양현의 한 마을 촌장이 대나무 정자를 지어달라고 요청했을 때, 우리는 우선 대나무라는 재료를 연구하며 그 특성을 면밀히 살폈다. 그 결과, 건축에 가장 흔히 쓰이는 대나무는 가을과 겨울에만 수확할 수 있고, 손이 많이 가며 오랜 시간이 드는 가공 과정을 거쳐야 한다는 사실을 알게 되었다. 그러나 수평으로 뻗은 모소대나무의 뿌리는 매우 튼튼해서, 그 대나무를 고스란히 활용해 구조물을 형성할 수 있었다. 재료를 구입하거나 운반할 필요도, 별도로 시공할 필요도 없었다. 우리는 살아 있는 대나무를 엮어 부드럽게 휘어진 곡선의 구조물을 만들었고, 그것은 곧 야외극장을 감싸는 울타리가 되었다.

이러한 농촌 프로젝트들은 모두 일상의 관찰에서 비롯된다. 한편으로는 이성적 사고와 논리가 필요하지만, 다른 한편으로는 우리의 직관과 본능을 믿어야 할 때도 있다. 어떤 판단은 이성과 언어로 설명되기도 전에 이미 내려진다.

제약이 많을수록 더 적극적으로 단서를 찾아야 한다. 그것은 도전인 동시에 기회이다. 그리고 굳어진 사고방식을 넘어서는 것은 필수적이다.

쉬톈톈徐甜甜

디자인 앤 아키텍처DnA 설립자다. 칭화대학교 교수로 재직 중이며 2020년에 미국건축가협회 명예펠로우로, 2024년에는 베를린예술아카데미 펠로우로 임명되었다. 뉴욕건축연맹 청년건축가상 (2008), 스위스건축상(2022), 베를린예술상(2023), 울프상(2025) 등 다수의 상을 받았다.

→ 모든 기대를 충족할 수는 없다

나는 성공의 핵심 요소가 집중이라고 믿는다. 위대한 성공을 거둔 이들에게 조언을 구했을 때 돌아온 답은 늘 같았다. 본질에 충실하라. 선택한 길을 흔들림 없이 끝까지 가라. 다시 말해, 자신의 사명에 온전히 집중하고 그것을 탁월하게 수행해야 한다는 뜻이다.

건축가에게 멀티태스킹은 숙명과도 같다. 설계에서 완공에 이르기까지 건축가는 수많은 일을 동시에 해내야 한다. 프로젝트를 수주하는 일(마케팅), 실제 업무를 수행하는 일(전문 서비스), 회사를 운영하는 일(경영 관리), 그리고 회사를 유지할 자금을 마련하는 일(재무 관리)까지 모두 건축가의 몫이다. 이 모든 일을 동시에, 그리고 잘 해내야 한다는 사실은 건축가의 삶에 큰 스트레스를 안겨준다.

건축가는 모든 사람의 기대를 다 충족시킬 수는 없다. 그러나 일부를 선택해 전력과 최선을 다하고 다른 부분에는 덜 집중하면 된다. 건축가는 회사를 운영할 때 세 가지 유형 중 하나에 집중하는 방식을 택할 수 있다. 곧 설계 중심의 회사,

서비스 중심의 회사, 혹은 생산 중심의 회사다. 한 가지에 집중한다고 다른 부분에서 무능하다는 뜻은 아니다. 다만 설계든, 서비스든, 생산이든 특정 분야에서는 가장 두각을 나타내고 인정받는다는 의미다.

예를 들어, 우리 회사는 설계 중심의 회사를 지향하며 환경 재앙으로부터 지구를 지키기 위해 친환경 설계를 핵심 동력으로 삼고 있다. 지난 50년 동안 이 길에서 한 번도 벗어난 적이 없다. 집중은 끊임없는 개선, 지식의 발전, 설계 능력의 연마를 촉진하고 최첨단에 머물 수 있도록 한다.

켄 양 Ken Yeang
T. R. 함자&양 전무이사다. 일리노이대학교 석좌교수로 재직 중이며 미국건축가협회, 케임브리지대학교 울프슨칼리지 등 유수의 단체에서 명예 펠로우로 임명되었다. 아가칸건축상(1996), 프린스클라우스상(1999), 오귀스트페레상(1999) 등을 받았다. 2008년에는 《가디언》 선정 '세상을 구할 수 있는 50인'에 이름을 올렸다.

솔라리스, 싱가포르

→ '지금'은 소중한 것이다

현재를 즐기라. 다시 오지 않으니.

스스로를 지키라.

그리고 계속 꿈꾸라.

오딜 데크 Odile Decq

스튜디오 오딜 데크와 건축 분야 사립 고등교육기관인 콩플뤼앙스
인스티튜트의 설립자다. 1992년부터 2012년까지 파리건축특수학교ÉSA
교수 및 학과장을 역임했고, 2017년에는 영국 왕립건축가협회 펠로우로
임명되었다. 베니스 비엔날레 건축 부문 황금사자상(1996), 제인드류상
(2016)을 비롯해서 40여 개의 상을 받았다.

→ 삶의 무대 한가운데 답이 있다

문제를 해결하는 데서 그치지 말고, 해결할 가치가 있는 문제를 만들어내는 사람이 되라. 그리고 '위험 관리 risk management'라는 단어는 사전에서 지워버리라. 끈기 있게 자신의 작업을 쌓아 올리고 세상 밖으로 나아가라. 기회를 마냥 기다리지 말고, 필요하다면 빌리거나 빼앗아서라도 스스로 무대를 마련하라.

중심에서 널찌감치 떨어진 자리에서 폭탄을 던지는 것만으로는 부족하다. 솔직하게 말하자면 나 역시 초창기에는 그런 실수를 저질렀다. 주변부에 머무르며 시간을 낭비하지 말고, 실제로 무언가를 해낼 수 있는 무대의 한가운데로 들어가라.

우리 사무소는 뉴욕의 고가 공원 프로젝트인 '하이 라인 High Line'을 실현하기 위해 뉴욕시를 이끄는 마이클 블룸버그 Michael Bloomberg 시장의 행정부와 협력했다. '열린 행정'은 건축가가 추구하는 목표와 맞아떨어질 때 큰 힘을 발휘하게 된다. 가능하다면 프로젝트의 의사결정에 권한이 있는 사람들이 모인 협상 테이블에 반드시 함께하라.

엘리자베스 딜러 Elizabeth Diller

딜러 스코피디오+렌프로 공동설립자이자 파트너다. 프린스턴대학교
교수로 재직 중이며, 1999년 남편인 리카도 스코피디오Ricardo Scofidio
와 함께 건축 분야에서 최초로 맥아더펠로우십을 받았다. 레스토랑
디자인 부문 제임스비어드상(2000), 스미스소니언 내셔널디자인상(2017),
제인드류상(2019)을 비롯한 다수의 상을 받았다. 2018년에는 《타임》 선정
'가장 영향력 있는 인물'에 이름을 올렸다.

→ 하찮은 프로젝트는 없다

건축가인 우리는 생산의 필요성이 곧 연구와 탐구를 위한 훌륭한 명분이 된다고 믿는다.

모든 프로젝트는 그 안에 스며 있는 역사, 새로운 환경, 사람들 그리고 공간의 기능을 배우는 기회이자, 지금까지의 성취를 넘어 아직 누구도 상상하지 못한 건축물을 창조할 기회다.

종합적으로 사고하고 창의적으로 행동하라. 건축이라는 틀에 갇힌 편협한 시야에서 벗어나, 넓게 사고하되 실행은 정밀하게 하라. 자원이 점점 고갈되어가는 오늘날, 이러한 태도는 그 어느 때보다 절실하다. 우리는 비판적 질문과 창의적 탐구에서 벗어날 만큼 작거나 하찮은 프로젝트는 없으며, 거대한 규모라 해서 예외가 될 수도 없다는 사실을 늘 되새겨야 한다. 우리가 마주하는 동시대의 과제들은 규모와 상관없이 언제나 성장과 혁신의 기회가 된다.

건축가라는 지위는 우리에게 한 가지 변치 않는 진실을 일깨운다. 바로 디자인이 세상을 헤아릴 수 없을 만큼 풍요롭게

만든다는 사실이다. 끊임없이 변화하고 새롭게 등장하는
과제들을 이해한다는 것은 오늘날 우리가 살아가는 세계의
위태로운 균형을 뒤흔드는 문제들을 직시하는 것이다. 또한
중요한 질문을 던지며, 건축가로서 윤리적이고 정의로우며
지속 가능한 건축 환경을 만들어가기 위한 행동에 나서는 것을
의미한다.

마리온 와이스 Marion Weiss, **마이클 만프레디**Michael Manfredi
와이스/만프레디의 공동설립자다. 둘 모두 미국건축가협회 펠로우이자
미국 국립디자인아카데미 회원이다. 와이스는 펜실베이니아대학교
석좌교수로, 만프레디는 하버드대학교 교수로 재직 중이다.
미국예술문학아카데미 건축상(2004), 토머스제퍼슨상(2020),
스미스소니언 내셔널디자인상(2020), 루이스칸상(2024) 등을 수상했다.

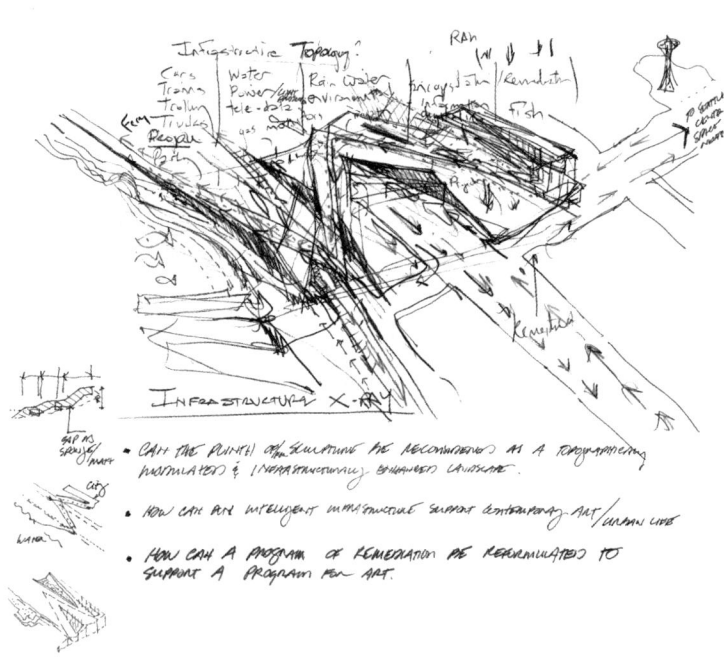

올림픽 조각공원, 워싱턴주 시애틀

→ 창의성을 배신하는 사회에 맞서라

건축이 요구하는 인내와 양심은 창의성과 혁신이라는 토대에서 비롯된다. 우리가 창의성을 의심하고 혁신을 소홀히 할 때, 머리와 손이 모두 무뎌져 한계에 도전할 수도, 새로운 지평 너머로 나아갈 수도 없게 된다. 건축가는 평범함에 안주하며 창의성을 배신하는 사회에 맞서야 한다. 자신의 호기심을 다른 이들의 공유된 목표에 맞추어라.

마칭윈馬清運

MADA s.p.a.m. 설립자다. 2007년부터 2017년까지 USC 건축대학 학장을 지냈다. 미국인이 아닌 사람을 이 직위에 임명한 것은 최초라고 전해진다. 하버드대학교, 컬럼비아대학교, 펜실베이니아대학교 등에서 방문교수를 지냈다. 2010년에 《블룸버그 비즈니스위크Bloomberg Businessweek》 선정 '세계에서 가장 영향력 있는 디자이너'에 이름을 올렸다.

→ 양극을 모두 다뤄야 한다

건축가라는 직업에는 언제나 두 가지 역할이 있다. 첫 번째 역할은 건축계가 인정하는 최상의 설계를 추구함으로써 건축이라는 분야를 공고히 하고 후세까지 이어나가는 일이다. 이는 건축가들이 전통적으로 걸어온 길이기도 하다.

그러나 건축가의 두 번째 역할은 첫 번째 역할과 충돌한다. 그것은 기존의 관행에 의문을 던지고, 앞으로 그것을 확장해나가거나 새롭게 정의할 가능성을 탐구하는 일이다. 이미 확립된 관행에 맞서면서 동시에 알 수 없는 미래를 다루어야 하기에, 이는 대단히 어려운 과제다. 건축은 건축가에게 지식을 소비하는 사람이 아니라 생산하는 사람이 되라고 요구한다. 급격한 기술 발전과 변화하는 세계 경제는 패러다임의 전환을 불러왔고, 건축을 새롭게 정의해야 할 필요성을 한층 더 높였다. 그 결과 건축가의 두 번째 역할은 점점 더 중요해지고 있다.

건축가로서 당신은 이처럼 상반된 두 가지 역할 사이의 균형을 잡아야 한다. 전통을 지키면서도 혁신을 추구하고,

과거와 미래를 동시에 다루어야 한다.

아베 히토시仁史阿部

아틀리에 히토시 아베 설립자다. UCLA 교수이며 2007년부터
2016년까지 학과장을 지냈다. 2011년 동일본 대지진 지원 네트워크인
아키에이드ArchiAid의 공동 설립자이기도 하다. 일본 건축계의
등용문이라고 불리는 요시오카상(1996)을 비롯하여 일본건축학회
작품상(2003) 및 대상(2011), SIA-Getz 건축상(2009) 등을 수상했다.

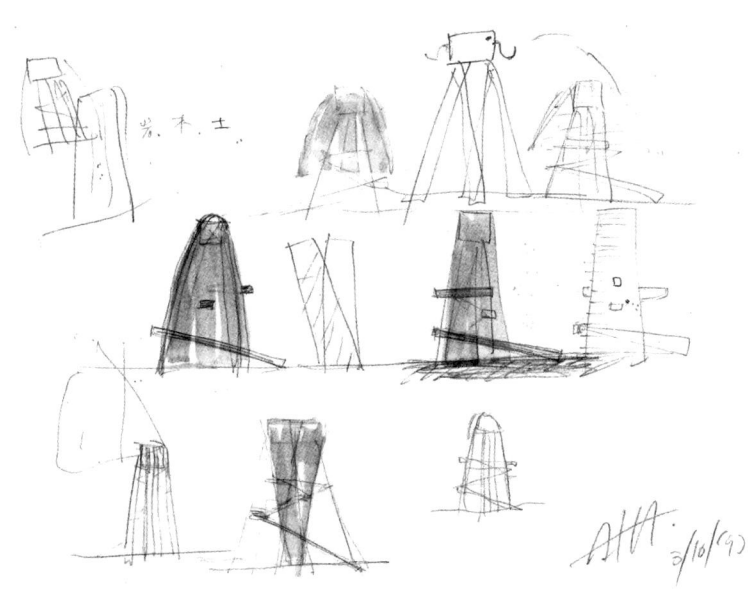

미야기 워터 타워, 일본 미야기현 리후정

→ 시안은 비교해볼 수 있어야 한다

젊은 시절, 나는 한 주요 학술기관의 건축 설계를 맡게 되었다. 처음으로 설계팀의 리더로서 고객과 직접 일하게 된 기회였다. 그 직전에는 워싱턴 D.C. 내셔널 갤러리 프로젝트에서 페이와 함께 3년간 일한 경험이 있었기에, 클라이언트에게 콘셉트를 제시하는 그의 방식을 그대로 따르면 되리라 생각했다. 그러나 나는 페이의 명성과 위상에 미치지 못했고, 클라이언트가 직접 선택한 건축가도 아니었다. 단지 그 건축가를 대신하는 입장이었을 뿐이다.

나는 자신만만하게 '해답'을 준비했다는 확신을 안고 클라이언트와의 첫 미팅에 임했다. 프레젠테이션도 잘 해냈다고 믿었다. 하지만 결과는 정반대였다. 내 제안은 단순히 받아들여지지 않은 것이 아니라 가차 없이 거절당했다. 클라이언트의 반응이 너무도 부정적이어서 우리가 이 프로젝트에 계속 참여할 수 있을지조차 위태로운 지경에 놓였다.

나는 내 방식을 다시 돌아볼 수밖에 없었다. 그때 결심한 것이 바로 '비교적 설계'였다. 주어진 요구 조건에 하나의 해답만 제시하는 대신, 여러 가지 설계안을 함께 내기로 한 것이다.

이것은 클라이언트가 원하는 것을 고를 수 있는 메뉴판을 제공하려는 의도가 아니었다. 오히려 여러 안을 비교하는 과정에서 대화가 이루어지고, 그 대화를 통해 나는 클라이언트를 더 깊이 이해할 수 있었고, 클라이언트 또한 내 의도를 더 잘 이해하게 되었다. 그 방식은 놀라울 만큼 효과적이었다.

그 과정에서 나는 클라이언트의 목표를 알게 되었고 클라이언트는 내 목표를 알게 되었다. 결과적으로 더 나은 설계가 탄생했는데, 그것은 처음 제시했던 안 중에 하나가 아니라 서로의 목표가 어우러지며 새롭게 도출된 것이었다. 또한 우리 설계팀 내부에서도 활발한 대화가 이루어졌다. 팀원들은 지시를 따르는 데 그치지 않고 각자 기여할 기회를 얻을 수 있었다.

나는 지난 50년 동안 이 '비교적 설계'를 작업의 원칙으로 삼아왔다. 그것은 곧 나의 방식이 되었다. 그 성공의 기록은 나의 저서 《제스처와 응답Gesture and Response》에 담겨 있다.

윌리엄 페더슨 William Pedersen
KPF 공동 설립자다. 예일대학교, 일리노이대학교 시카고캠퍼스UIC 등에서 석좌교수를 역임했고, 2013년 미국건축가협회로부터 명예 훈장을 받았다. 서울 잠실에 위치한 롯데월드타워 설계에 참여했다.

→ 자신의 정체성에 충실하라

그동안 쌓아온 학문적 지식을 토대로 목표를 세우고,
그 목표를 이루기 위해 모든 각도에서 최선을 다하라. 건축가로
성장하는 동안 당신의 목표 또한 함께 변화하고 성숙한다.
자신의 진정한 정체성에 충실하고, 자신만의 독특한 관점과
포부에서 비롯된 강점을 발전시켜라. 그것이야말로 당신의
가장 큰 자산이다. 자신만의 전문성과 힘 있는 목소리를
받아들일 때, 건축 설계에 관한 혁신적인 연구와 방법론을
발전시켜나갈 수 있다. 그렇게 하면 다른 이들과 차별화되는
자신만의 스타일이 생길 것이다. 새로운 건축물은 현재에
설계되지만 미래에 존재한다는 사실을 기억하라. 따라서
당신의 작업은 반드시 사회가 나아갈 미래를 향해야 한다.

건축 사무소를 키워가는 과정에서 강력한 비즈니스
역량을 기르는 것은 무엇보다 중요하다. '수익성과 좋은
디자인은 양립할 수 없다'는 통념에 휘둘리면 안 된다. 두
영역 모두에서 탁월해지기 위해 끊임없이 노력하라. 목표에
충실하고 자신의 가치에 걸맞은 대가를 요구한다면 수익성은

자연히 뒤따를 것이다. 작업의 지평을 넓히고 한계를 시험하려면 다양한 문화와 맥락의 경계를 과감히 넘어야 한다. 이를 위해서는 서로 다른 문화와 삶의 방식에 담긴 미묘한 차이를 열린 마음으로 받아들이고, 존중하며, 이해하는 태도가 필요하다. 매 순간 새로운 도전이 기다리고 있음을 기억하라. 언제나 민첩하고 유연하게 대응하라. 겸손함과 집중력을 잃지 말고, 최선을 다해 최고의 성과를 이루도록 하라.

———————
알리 라힘 Ali Rahim, **히나 자멜**Hina Jamelle
컨템퍼러리 아키텍처 프랙티스CAP 공동디렉터다. 라힘은
빈예술응용대학교와 예일대학교 방문교수를 역임했고, 현재
펜실베이니아대학교 교수로 재직 중이다. 자멜도 같은 학교에서 건축
설계를 가르치고 있다. CAP는 MoMA, '삼성 래미안 마스터플랜' 등의
프로젝트를 주도했다.

→ '무난함'의 유혹을 거부하라

자신이 하는 모든 일에 단호하고 냉정한 비판의 칼날을 들이대라. 새로운 지평을 열고자 하는 디자이너라면 반드시 거쳐야 할 과정이자 동시에 가장 어려운 과제다. 이는 곧 모방적인 아이디어, 관습적 기준, 유행하는 양식 그리고 점잖은 디자인의 전통적 패러다임까지도 전부 의심하고 되묻는 것을 뜻한다. 또한 '남들이 좋아할 만한' 무난한 취향에 안주하라는 달콤한 유혹을 거부하는 것을 의미한다. 뒤샹Marcel Duchamp은 이렇게 말했다. "나는 내 취향에 순응하지 않기 위해 나 스스로를 부인해왔다."

미래의 건물과 공공의 공간을 설계하는 데 필요한 가장 기본적인 자질 중 하나는 '수단의 절제'를 적용하는 것이다. 피카소Pablo Picasso는 이렇게 조언했다. "제한된 수단을 사용하도록 스스로를 몰아붙이는 절제는 발명을 자유롭게 한다. 미리 상상조차 할 수 없는 진보를 이룰 수밖에 없기 때문이다." 건축과 도시 설계에서 이러한 절제의 감각은 낭비를 줄이고, 시각적 상상력을 넓히는 풍요한 절약의 길을 연다.

이는 오늘날 흔히 보이는 과장된 조형적 해법과는 정반대의 미적 경험을 장려하며, 디자이너들에게 새로운 콘텐츠의 원천을 탐구하는 자유를 준다.

기본으로 돌아가라. 그리고 너무도 당연하게 여겨지는 성공 공식들에 끊임없이 의문을 던지라. 우리 주변에 가득한 '좋은 디자인'이라는 이름을 내세운 달콤한 유혹은 결국 창의성의 포기, 경제적 무모함, 자원의 고갈이라는 끝없는 악순환으로 이어질 뿐이다. 나의 조언은 위험을 감수하면서도 자신만의 비전을 추구할 용기를 가진 이들에게 가장 유용할 것이다.

제임스 와인스 James Wines
SITE 설립자다. 1999년부터 펜실베이니아주립대학교 교수로 재직 중이며 위스콘신대학교, 다트머스대학교, 쿠퍼 유니온 등에서 방문교수를 역임했다. 그래픽 아트 부문 퓰리처상(1955), 크라이슬러상(1995), 스미스소니언 공로상(2013) 등을 비롯하여 25여 개의 글쓰기 및 디자인 분야에서 상을 받았다.

→ 불가능해 보이는 꿈에서 모든 것이 시작된다

스스로 검증한 것만을 믿으라. 이것이야말로 내가 건넬 수 있는 가장 중요한 조언이다.

많은 이가 나의 개인 주택 'R128'을 불가능한 꿈이라고 말했다. 전체가 완전히 투명하고, 전적으로 재활용 가능한 자재만 사용하며, 재생 에너지에만 의존하고, 기존 건축물보다 훨씬 가벼운 이 집은 그저 하나의 꿈에서 출발했다.

나는 슈투트가르트 외곽의 가파른 경사지에서 시작했다. 동료들이 건축을 할 수 없는 부지라고 단언했지만, 그 위에 집을 지었다. 그리고 벌써 25년째 그 집에서 살고 있으며, 지금도 이 현대 건축의 보석 같은 공간을 하루하루 누리고 있다.

베르너 조베크 Werner Sobek

베르너 조베크 AG 설립자다. 2008년부터 2014년까지 일리노이공과대학교 교수를 지냈고, 2012년부터는 8년 동안 하버드대학교 감독위원회 위원으로 활동했다. 프리츠레온하르트상(2015), 독일 공로십자훈장(2022), 에밀뫼르슈상(2023) 등을 받았다.

실험 주택 R128, 독일 슈투트가르트

→ 아이디어 〉 이미지

아이디어는 이미지보다 앞서야 한다. 이미지에 집착하고, 주의력이 지속되는 시간이 짧고, 겉핥기에 그치기 쉬운 오늘날의 문화 속에서 이 발상은 건축에 매우 파격적이다. 인터넷에서 가져온 참고 이미지(사진)에 곧바로 손을 뻗는 것은 너무 쉽다. 그러나 호기심과 사유를 통해 아이디어를 탐색하는 일은 어렵지만 훨씬 값진 결과를 가져다준다.

그렇다면 이런 맥락에서 건축적 아이디어의 본질은 무엇일까? 그것은 프로젝트의 상황을 온전하고 깊이 있게 탐구하는 데서 비롯된다. 여기서 말하는 상황이란 단순히 부지, 용도, 규정, 스타일에 국한되지 않는다. 최종적으로 지어진 건축물이 사람들의 삶과 어떻게 맞닿는지, 더 넓은 사회적, 문화적 맥락과 어떤 영향을 주고받는지, 자연환경의 건강과 어떻게 연결되는지까지 모두 포함한다. 이러한 상황 요소들을 연결하고, 서로 대화하게 만드는 가장 단순하고 명료한 아이디어를 찾는 것. 거기에 건축의 의도가 있다. 그래야만 비로소 작품의 이미지가 스스로 모습을 드러낸다.

물론 건축가는 의뢰인에게 서비스를 제공하는
전문가이므로 자신의 분야에서 요구되는 기술을 능숙하게
다룰 줄 알아야 한다. 그러나 우리가 원한다면 건축은 문화적
창조 행위가 될 수도 있다. 단순히 서비스와 차용 이미지만
제공한다면 첨단 기술은 머지않아 우리의 직업을 무의미하게
만들 것이다. 따라서 우리는 건축의 더 깊은 목적과 책임,
그리고 문화적 의미에 대한 호기심을 길러야 한다. 또한 소비
가능한 이미지 속의 아름다움에 머무르지 말라. 시간이
흐르며 잘 구성된 공간과 재료가 빚어내는, 형언하기 어려운
분위기의 아름다움을 추구해야 한다.

마크 젠슨 Mark Jensen
젠슨 아키텍츠 설립자 겸 대표. 2018년에 미국건축가협회 펠로우로
임명되었다. 젠슨 아키텍츠는 미국건축가협회 명예상(2011), 레스토랑
디자인 부문 제임스비어드상(2014), 미국건축가협회 캘리포니아지부
디자인상(2025) 등 다수의 상을 받았다.

→ 도면 그 자체에 집착하지 말라

계속 수정하고 고치라. 아이디어에 집착하지 말라. 특히 도면이나 기타 표현물에는 더욱 집착하지 말라. 그것들은 어디까지나 좋은 건물을 짓기 위한 수단일 뿐이다. 단지 도면이나 표현물 그 자체를 만드는 것이 목적이 아니라면 말이다. 계속 다듬고 수정하라. 그러다 보면 단순히 훌륭한 수준을 넘어 위대함의 경지에 이를 수도 있다.

F. 크리스천 와이즈 F. Christian Wise

앤더슨/와이즈의 공동설립자이자 대표다. 텍사스대학교 오스틴에서 객원교수로 학생들을 가르쳤고, 2025년 《포브스》 선정 '미국 최고의 주택 건축가'에 선정되었다. 앤더슨/와이즈는 미국건축가협회 오스틴지부, 텍사스건축협회로부터 다수의 상을 받았다.

아서 앤더슨이 스케치한 이탈리아 만토바의 산탄드레아 대성당

→ 방황해도 괜찮다

젊은 디자이너에게는 실행에 옮기고 싶은 아이디어가 넘쳐난다. 그러다 보니 생산적이지 못한 막다른 길에서 너무 많은 시간을 허비하기 쉽다.

그러나 다행히도 경험이 쌓이면 어떤 길이 주의를 분산시키고 자원을 소모하는지, 또 어떤 길이 새로운 가능성을 품고 있는지 미리 가늠할 수 있게 된다. 살아온 날들이 더 많이 쌓여갈수록 시간을 훨씬 더 생산적으로 쓸 수 있게 된다는 뜻이다.

안타까운 사실은 이러한 '조기 경고 체계'가 수천 시간 동안 미로 속에서 길을 잃는 경험을 한 후에야 비로소 갖춰진다는 것이다.

하지만 그렇게 쏟아부은 시간은 결코 헛되지 않다. 예전에 길을 잃고 헤매며 품었던 생각의 갈래 중에는, 당시에는 꽉 막혀 있어 활로가 전혀 보이지 않았지만 훗날에는 커다란 가능성을 보여준 것도 종종 있다. 세월이 흐른 뒤 다시 그 길로 돌아가면, 그동안 몸소 어렵게 쌓아온 방향 감각을 바탕으로 미로를 헤쳐 나갈 수 있을 것이다.

리처드 하셀 Richard Hassell, **윙문섬**黃文森
WOHA 공동 설립자다. 하셀은 서호주대학교 겸임교수와
뉴사우스웨일스대학교 석좌교수로 재직 중이며, 싱가포르 육상교통청
건축설계 검토위원회 위원장을 맡고 있다. 윙은 싱가포르국립대학교
실무교수와 뉴사우스웨일스대학교 석좌교수로 재직 중이며, 리콴유
세계도시상 후보 추천위원회 위원으로도 활동하고 있다.

리처드 하셀의 드로잉

→ 나만의 방법론, 나만의 프로세스

잠시 멈추어 자신의 선입견과 무의식적 편향을 비판적으로 점검하라. 설계할 때 섣불리 해법에 뛰어드는 것을 경계하라. 초기의 발상은 흔히 개인적 경험에서 출발한다. 그래서 시야를 좁히고, 다양하고 혁신적인 건축적 해법을 상상하는 능력을 제약할 수 있다.

건축을 연구와 체계적 과정에 뿌리내린 분야로 보라. 건축은 단지 건물을 올리는 일이 아니다. 새로운 설계의 방향을 개척하는 일이다. 탐구에 열린 태도를 가지고 모든 프로젝트를 대하라. 처음부터 정해놓은 결론에만 매달리지 말고 신중한 실험 과정을 통해 설계가 자연스럽게 전개될 수 있도록 행하라.

드로잉, 3D 모델링, 렌더링, 편집 등 다양한 도구와 기법으로 당신의 기술을 확장하라. 포괄적인 도구 상자는 건축 작업이 진행되는 과정에서 마주할 수많은 도전과 선택의 갈림길을 헤쳐 나가게 해준다. 불확실성이 선명하거나 불편한 시기를 겪는 것 또한 성장 과정의 일부다. 이러한 순간들은

성장과 혁신의 촉매제가 된다. 자신의 방법론에 충실하면서
도구를 꾸준히 다듬어나가라. 그러면 예상치 못한 설계의
가능성이 열리고 프로젝트의 더 큰 목적과 존재 이유가
드러난다. 억지로 끼워 맞추려 하지 말고 자연스럽게 흐름을
따라가라.

　　새로운 영역에 과감하게 뛰어들어라. 처음에는 낯설거나
파격적으로 보이는 아이디어라도 깊이, 곰곰이 생각하라.
그리고 끈기야말로 무엇보다 중요한 요소다. 어떤 전략이
처음에는 효과가 없더라도 새로운 통찰과 결심을 가지고 다시
시도하라.

　　마지막으로, 자신을 하나의 스타일이나 방식에 가두지
말라. 다양한 도구와 기법을 바탕으로 유연하고 끊임없이
진화하는 과정을 구축하라. 이는 당신의 건축적 역량을
확장시킬 뿐 아니라 프로젝트의 개발 과정 또한 풍요롭게
만들어준다.

　　스타일을 좇지 말고 자신만의 프로세스를 세우라. 그리고

그 과정에 자연스럽게 작업을 맡기라.

이그나시오 고메스 Ignacio Gomez

홍콩에 본사를 둔 세계적인 규모의 건축 설계 회사 아에다스에서 글로벌

디자인 총괄 책임자를 맡고 있다. 중동건축어워드 올해의 젊은 건축가상

(2010) 및 서비스 산업 부문 최우수상(2012) 등을 수상했다.

→ 빛을 재료로 보라

빛과 그림자는 중요한 디자인 도구이므로 제대로
활용하라.

빛은 금속, 돌, 나무, 콘크리트, 유리만큼이나 중요한 건축
재료다. 어떤 공간이든 빛은 그 질을 높여준다.

사람과 건축은 빛을 받아야 한다. 빛은 시간을
시각화하며, 공간의 기능은 빛의 성격을 규정한다. 그러나 빛은
기능을 넘어 분위기를 만든다. 그림자를 설계한다는 것은 곧
빛을 설계하는 것이다. 빛은 언제나 생태적으로 설계해야 한다.

멘데 카오루面出薫
라이팅 플래너스 어소시에이츠 대표다. 주택 조명으로부터 건축 조명,
도시환경 조명의 분야까지 폭넓게 조명 디자인을 설계한다. 2002년부터
22년 동안 무사시노미술대학 교수를 지냈다. 국제조명디자이너협회
최우수상(2007), 북미조명학회 디자인상(2019) 등을 수상했다.

PERSONAL
DEVELOPMENT
자기계발

→ 호기심을 가지는 법부터 배우라

귀 기울여 듣는 것도 중요하지만 들은 것을 형식, 공간, 재료의 차원으로 옮기는 것을 잊지 말라. 기법은 곧 아이디어가 아니지만 기법을 활용하는 과정에서 핵심 아이디어가 떠오를 수도 있다.

기꺼이 초과 근무를 하라. 단, 자신을 위해서라면.

설계는 책상 앞에서만 하는 것이 아니다. 달리기를 하면서도 설계하라.

시공이 어떻게 이루어지는지를 익히고 그에 맞추어 자신의 작업 방식과 수단을 다시 설계하라.

먹기만 하지 말고 다른 사람들을 위해 직접 음식을 준비하라.

사람은 중요하다. 건축 또한 중요하다. 이 둘이 서로 양립할 수 없다는 말을 믿지 말라.

당신에게 내 조언이 반드시 필요한 것은 아니다. 그러나 역사는 언제나 새롭게 읽고 적용할 수 있는 교훈으로 가득하다. 호기심이 없다면 호기심을 가지는 법부터 배우라.

조언은 위에서 내려오는 게 아니라 현장에서 나온다.

_____

나데르 테라니 Nader Tehrani

NADAAA 설립자다. 쿠퍼 유니온 교수이자 예일대학교 객원교수로
활동 중이다. 2010년부터 4년 동안 MIT 교수를 지냈고 하버드대학교,
프린스턴대학교 등에서도 강의했다. 미국예술문학아카데미 건축상(2002),
아놀드브루너상(2020) 등을 수상했다. NADAAA는 《아키텍트 매거진
Architect Magazine》의 미국 50대 기업 목록에서 '최고의 디자인 회사'로
꾸준히 선정되었다.

→ 원하는 것을 손으로 직접 그리라

시간이 흐르며 건물을 짓는 새로운 방법이 계속 등장하겠지만, 단순한 드로잉보다 중요하고 영향력이 큰 것은 없다. 드로잉은 필수적이고 대체 불가능하며, 당신의 삶 속 모든 역량을 한데 모아준다. 아이디어가 흘러가고 걸러지는 강이자, 증류와 정화를 거듭하는 정제 공장이기도 하다. 무의식적인 습관이자 필요, 때로는 강박이 될 때까지 드로잉을 멈추지 말라. 당신이 상상하는 것 이상을 돌려줄 것이다.

기회가 있을 때마다 여행하라. 반드시 봐야 할 고전적인 장소들을 찾아가고 잘 알려지지 않은 곳에도 가라. 그곳에서 진정한 문화와 인간적 교감을 경험하라. 여행은 마음을 너그럽게 하고, 장소가 지닌 고유한 가치를 일깨워주며, 당신의 공간을 더 나은 곳으로 만드는 아이디어의 원천이 된다.

야망으로는 충분하지 않다. 성실한 태도만으로도 부족하다. 물론 둘은 필수적이다. 그러나 약간의 가장pretence 도 필요하다. 그것은 존경하는 이에게 편지를 쓰고, 자신의 작품을 출판사에 보내며, 거장들과 함께 가르칠 용기를 준다.

재능도 중요하지만 의지와 인내심으로, 진실하고 숭고한 것을, 느리지만 끈기 있게 탐구하는 태도만큼 중요한 것은 없다.

기회는 눈에 뚜렷하게 보이지 않을 수도 있다. 그것이 건축과 관련된 기회이든 특정한 장소에서 비롯된 기회이든 마찬가지다. 그러나 건축이 어디서든, 어떤 규모로든, 누구를 위해서든 가능하다고 믿는 순간에 가능성의 세계는 활짝 열린다. 아무리 좋은 아이디어라도, 심지어 위대한 아이디어조차 현실로 구현되지 못하는 경우가 많다. 그러나 다행히도 그것들은 당신의 '머릿속 저축은행'에 남아 훗날의 작업에 담길 수 있는 가능성과 영감의 원천이 된다. 기회를 잃었다고 해서 아이디어까지 잃는 것은 아니다.

말런 블랙웰 Marlon Blackwell
말런 블랙웰 아키텍츠 대표이며, 아칸소대학교 교수로 재직 중이다. 스미스소니언 내셔널디자인상(2016), 미국건축가협회 금메달(2020) 등 다수의 상을 받았다. 2015년 《디자인인텔리전스DesignIntelligence》 선정 '가장 존경받는 교육자 30인'에 이름을 올렸다.

→ 다방면으로 성장하라

알다시피 건축학교는 건축가가 반드시 거쳐야 하는 가혹한 통과의례와도 같다. 대체로 건축학교에서는 시각적, 개념적 재능이 뛰어난 소수에게만 보상이 돌아가는 듯 보인다. 그렇지 않은 이들은 좌절을 맛보기도 한다. 하지만 한 가지는 분명하다. 건축학교는 당신을 강하게 단련시킨다. 내가 코넬대학교에서 가르칠 때 한 강의지원 조교는 이렇게 말했다. **"자신의 감각을 믿어라. 그렇지 않으면 길을 잃게 될 것이다."**

하지만 여기까지 왔다면, 앞으로를 위해 반드시 생각해봐야 할 것이 있다. 세상은 건축가를 하나의 **유형**으로 묶어 설명하길 좋아한다.(1998년에 개봉한 영화 〈메리에겐 뭔가 특별한 것이 있다〉가 그 좋은 예이니 꼭 찾아보기를.) 그러나 사실 건축가들은 매우 다양한 스펙트럼을 지닌 집단이다. 우리 모두 배경이 저마다 다르기에, 건축이라는 직업이 안겨주는 수많은 도전에 각기 다른 관점을 더할 수 있다. 출발점이 어디든 당신은 그 자체로 소중하며 꼭 필요한 존재임을 잊지 말라. 당신은 경영 감각이 뛰어난 사람일 수도 있고, 몽상가이자

비전을 품는 사람일 수도 있으며, 기술에 능통한 전문가일
수도 있고, 직관적인 조각가나 탁월한 소통가일 수도 있다.
건축은 이 모든 것, 그리고 그 이상의 것을 필요로 하며, 세상은
우리에게 그것을 요구한다. 학교에서 무엇을 배웠든 이러한
능력이 얼마나 필요한지 곧 깨닫게 될 것이다. 그리고 그 능력을
자신에게서든, 다른 사람에게서든 발견하고 기르는 일이
무엇보다 중요하다. 다방면으로 성장하려고 노력하라. 쉽게
얻을 수 없는 기술을 익히고, 나아가 자신의 재능을 보완해줄
이들과 효율적으로 협업하는 법을 배우라. 그렇게 할 때 당신의
주도성과 영향력, 그리고 만족감은 점점 더 커질 것이다.

존 루블 John Ruble
무어 루블 유델 아키텍츠 앤 플래너스의 파트너다. 미국건축가협회
펠로우이며 미국건축가협회로부터 금메달, 명예상, 우수회사상 등을
수상했다. 브란덴부르크문 옆에 위치한 주독 미국대사관 설계를 주도했다.

→ 신념과 진정성에 충실하라

자신을 믿고, 자신의 신념에 충실하라.

건축은 진정성이 있어야 하며 미래의 사용자를 염두에
두고 이루어져야 한다. 환경을 만든다는 것 자체가 막중한
책임을 동반하기 때문이다.

토비아스 발리서 Tobias Wallisser

LAVA 공동 설립자다. 슈투트가르트 국립예술대학교의 교수로 재직 중이며,
2016년에 시카고 아테네움 건축디자인박물관이 수여하는 유럽건축상을
수상했다. 제주도 베이힐풀앤빌라, 2020 두바이엑스포 독일관 등을
설계했다. 1997년부터 2007년까지 몸 담았던 UNStudio에서는
메르세데스벤츠박물관 설계를 총괄했다.

→ 멈춰 있지 말라

가능한 모든 방법을 통해 경험을 쌓으라.

경험의 폭을 넓히라. 자신을 한 가지 전문 분야에만 가두지 말라.

위험을 두려워하지 말라. 큰 위험에는 큰 보상이 뒤따른다.

진로를 바꾸는 것을 두려워할 필요도 없다. 일생 동안 단 하나의 목표만 좇는 사람은 극히 드물다.

끊임없이 자신을 발전시키라.

당신의 일에 사람들을 동참하게 하라.

자신을 적극적으로 알리고 홍보하라.

웹사이트를 개설하라.

사하르 카루파 Sahar Kharrufa
레이언 엔지니어링의 최고경영자이자 아즈만대학교 교수다. 20년 동안 바그다드에 위치한 현대디자인연구소의 전무이사 및 건축 책임자로 재직했다. 이라크공과대학교 교수(1991~2006), 아프난 아키텍처의 수석 디자이너(2013~2018) 등을 역임했다.

→ 멘토를 찾아 질문하라

건축에 대한 열정을 품으라. 커리어를 쌓아나가는 과정에서 설계에 대한 열정이 당신의 심장이자 나침반이 되게 하라. 잊지 말라. 건축에서 진정한 성취는 당신이 창조한 공간에서 비롯되는 것이지, 명예나 부를 좇는 데서 오는 것이 아니다.

첫째, 풍부한 업계 지식을 갖춘 멘토를 찾으라. 학교에서 배운 것만으로는 얻을 수 없는 귀중한 통찰을 전해줄 수 있는 그런 사람을.

둘째, 주저하지 말고 질문하라. 새로운 배움의 기회를 기꺼이 받아들이고, 똑같은 하루가 반복되는 듯한 권태에 빠지지 말라. 건축은 끊임없이 성장하고 발견하는 여정이다. 매일 시야를 넓히고 자신을 발전시킬 새로운 기회가 찾아온다.

셋째, 핵심 성과 지표를 세우라. 그 지표들을 동기 부여와 자기 성찰의 도구로 삼아 언제나 목표와 같은 방향으로 나아가라.

그리고 마지막으로, 건축가로 살아간다는 것은

특별하고도 가슴 벅찬 여정임을 늘 기억하라. 힘든 날도 있겠지만 당신은 주변 세계를 설계하고 만들어가는 고귀한 특권을 누리고 있다는 것을 잊지 말라.

랄프 슈타인하우어 Ralf Steinhauer

RSP 아키텍츠 플래너스&엔지니어스 디렉터다. 2019년 두바이의 유력 건설 전문지인 《미들 이스트 컨설턴트Middle East Consultant》 선정 '올해의 경영자'에 이름을 올렸다. 독일에 위치한 티센크루프 테스트 타워, 아디다스 아레나 등의 설계를 주도했다.

→ 자신만의 이야기를 만들라

열정은 태도다. 기술은 배울 수 있다. 자신만의 이야기를 만들라.

사메르 차라라 Samer Charara

남호주 애들레이드에 설립된 글로벌 건축 및 컨설팅 회사 우즈 바곳의 대표다. 우즈 바곳은 호주, 중국, 영국, 중동, 미국, 싱가포르 등지에 총 열여덟 개의 지사를 운영하고 있으며 카타르 과학기술공원, 멜버른 컨벤션 및 전시 센터, 남호주보건의료연구소SAHMRI 등을 설계했다.

→ 변화에 대한 열린 태도

당신이 건축가로서 맞이하게 될 모든 도전은 (좋든 나쁘든) 배움의 기회다. 건축가라는 직업의 묘미는 끊임없는 변화에 있다. 그러므로 변화에 열려 있는 것, 그것이야말로 시대에 뒤처지지 않고 지식의 폭을 넓히는 길이다. 클라이언트는 당신의 시간을 비용으로 환산할지 모르지만, 건축가가 제공하는 진정한 가치는 수년에 걸쳐 축적된 배움과 지식에서 비롯된다.

리처드 펜네 Richard Fenne
우즈 바곳의 디렉터이자 중동오피스협의회Middle East Council for Offices, MECO 위원으로 활동 중이다. 2017년부터 2019년까지 영국 왕립건축가협회 걸프지부 아부다비 지역대표를 지냈다.
2018년《미들 이스트 컨설턴트》선정 '올해의 경영자'에 이름을 올렸다.
국제재생에너지기구IRENA, 두바이 전시무역센터 등을 설계했다.

리처드 펜네의 드로잉

DETERMINATION
결단

→ '백만 분의 일'도 기회다

건축은 장기 연애와도 같다. 감히 그 공식을 내놓자면, 낙관 두 스푼, 집착 한 스푼, 거기에 약간의 부정과 거의 끊임없는 부조리에 대한 감탄이라 하겠다. 물론 여기에 행운이 개입하는 것도 분명하다. 그러나 건축의 진정한 힘은 아직 알려지지 않았거나, 개념조차 헤아릴 수 없는 무한한 영역을 끝까지 탐구하려는 헌신에서 비롯된다.

낙관과 결단의 필요성은 영화 〈덤 앤 더머〉의 한 장면을 떠올리게 한다. 주인공 로이드 크리스마스(짐 캐리Jim Carrey)가 미녀에게 구애하며 묻는다. "제가 당신과 데이트할 확률이 얼마나 될까요?" "백만 분의 일요." 그녀의 대답에 그는 환하게 웃으며 말한다. "오, 그러니까 제게도 기회가 있다는 말이군요!"

그렇다. 이게 바로 건축이다. 부조리한 현실? 그것이 곧 우리가 살아가는 세상이다. 영화 〈찬스〉의 주인공 챈시 가디너(피터 셀러스Peter Sellers)에게 우연히 찾아온 기회처럼, 건축 역시 때로는 그토록 기이하다. 그러나 이 현실을 받아들이는 것만으로도 멀리 나아갈 수 있다. 특히 이 일을 진심으로 사랑하고 즐거운 마음으로 그 길을 걷는다면 더욱 그렇다. 다시 말해 건축가의 삶은 '그건 불가능해'에서 출발해 '재미있겠다, 한번 해보자'에 이르기까지의 여정을 반복하는 일이다.

끝없이 쏟아지는 수많은 조건과 제약 속에서 해답을 찾는 일에 중독되어 있는가? 그렇다면 잘하고 있다. 아직 누구도 떠올리거나 이해하지 못한 무언가를 창조하려 할 때, 오히려 머릿속이 고요하고 또렷해지는가? 역시 잘하고 있다. 건축은 당신이 반드시 해야만 하는 일인가? 그렇다면 더할 나위 없다. 건축에서 가장 중요한 것은 '당신이 무엇을 하느냐' 가 아니라 '당신은 어떤 사람인가'이기 때문이다.

톰 메인 Thom Mayne
모포시스 설립자다. 펜실베이니아주립대학교,
서던캘리포니아건축연구소에서 교수로 재직 중이며 2004년에는
미국건축가협회 펠로우로 임명되었다. 크라이슬러디자인상(2001),
'건축계의 노벨상'이라 불리는 프리츠커건축상(2005), 리처드노이트라상
(2011), 미국건축가협회 금메달(2013) 등을 받았다.

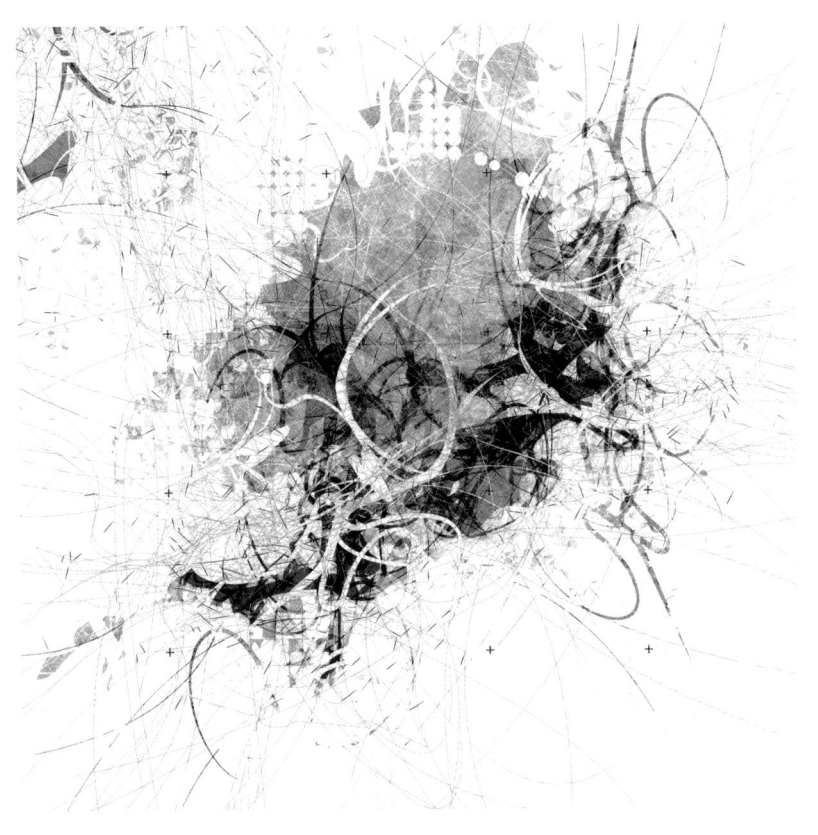

톰 메인, 〈XCD_RURBAN〉

→ 정진하라

일하라, 또 일하라, 그리고 계속 일하라.

마리오 보타 Mario Botta

마리오 보타 아르키테티 설립자다. BSI 스위스건축상 심사위원장으로 활동
중이며, 2006년에는 이탈리아 대통령 카를로 아첼리오 참피Carlo Azeglio
Ciampi로부터 공로훈장을 받았다. 서울시 용산구에 위치한 리움미술관
뮤지엄 원M1, 강남 교보타워, 제주 휘닉스 아일랜드 아고라 등을 설계했다.

→ 꺾이지 않는 마음

건축을 예술로, 곧 건물을 짓는 행위를 사유적, 문화적 탐구의 대상으로만 추구하지 말아야 할 이유는 셀 수 없이 많다. 건축의 문화적 영역에서 성공할 확률은 순수예술이나 공연예술로 안정적인 생계를 꾸려갈 수 있는 확률과 크게 다르지 않다. 그럼에도 불구하고 이런저런 어려움 속에서도 건축에 과감히 뛰어드는 이들은 늘 존재한다. 이 길에 필수적인 자질은 재능, 지성, 꺾이지 않는 의지다. 무엇보다 좌절과 지연, 실패를 감내할 수 있는 힘이 중요하다. 실제로 건축물로 실현되었든 아니든 성취가 찾아올 때 그 보상은 그만큼 더 값지다. 행운을 빈다.

제시 라이저 Jesse Reiser, **우메모토 나나코**梅本奈々子
라이저+우메모토, RUR Architecture DPC 공동설립자다. 라이저는
프린스턴대학교 교수로, 우메모토는 세인트루이스워싱턴대학교 실무교수로
재직 중이다. 2008년 건축 분야에서의 공로를 인정받아 대통령 표창을
받았다. 크라이슬러디자인상(1999), 미국예술문학아카데미 건축상(2000)
등을 수상했다.

→ 인내가 이긴다

당신의 설계 능력에 불꽃 같은 열정을 실으라. 앞으로
가는 길에는 수많은 장애물이 나타날 것이다. 그중에는 통제할
수 있는 것도, 그렇지 않은 것도 있을 것이다. 연구를 통해
끊임없이 자신을 갈고닦고, 주변에 세심한 주의를 기울이라.
끝까지 인내하는 사람만이 결국 성공에 다다를 수 있다.

아메드 부카시 Ahmed Bukhash
아키덴티티 설립자이자 수석 건축가다. 2014년부터 두바이
개발청 도시계획국장으로 재직 중이며, 2010년부터 8년 동안
아랍에미리트엔지니어협회 이사를 지냈다.

→ 오로지 열정이다

　　창의성과 실용성의 균형을 끊임없이 요구하는 역동적인
건축 세계에서 성공의 본질은 시공성constructability이나 치밀한
계획에만 있지 않다. 그것은 당신을 움직이는 본능적인 열정
속에도 있다.

　　건축의 여정은 인공적인 환경과 인간의 경험 사이에
존재하는 깊은 연결성을 증명한다. 공간 설계에 대한 열정은
건축가로서 당신을 돋보이게 하고, 창의성과 비즈니스가
만나는 독창적인 길로 이끌어줄 것이다. 만약 그 열정을
작업의 초석으로 삼는다면 클라이언트는 단순한 고객이
아니라 공동의 비전을 구현하는 협력자가 된다. 이러한 공감적
연결은 기능적 요구를 충족할 뿐 아니라 인간의 정신까지
만족시키는 설계를 낳는다.

　　열정이 당신을 이끌 때, 동료와 시공자, 파트너들과의
관계 역시 새로운 차원으로 나아간다. 협업은 생동감 넘치는
아이디어의 교류로 바뀌고 창의성이 온전히 꽃필 수 있는
환경이 마련된다.

열정을 지닌 건축가는 설계의 관습적 경계를 넘어 기능과 미학을 자연스럽게 결합한다. 그들은 한계를 돌파하고, 규범에 도전하며, 시대를 초월하는 공간을 창조한다.

열정은 건축을 성공적인 사업으로 이끄는 촉매다. 열정이 있을 때 건축가는 업계의 흐름을 놓치지 않고, 새로운 기술을 받아들이며, 끊임없이 발전한다.

열정이 원동력이 될 때 건축 행위는 단순한 거래를 넘어선다. 그것은 변화의 여정이 되어, 만들어진 환경과 그 안에서 살아가는 이들의 마음에 오래도록 흔적을 남긴다.

레일라 조베크 Leila Sobek
런던, 비엔나, 카이로에 지사를 둔 글로벌 디자인 컨설팅 회사 BMA 스튜디오의 설립자다. 2023년 아라비안 프로퍼티 어워즈Arabian Property Awards에서 '아부다비 최고의 단독주택 건축상'을 수상했다.

→ 자신을 과소평가하지 말라

만약 건축을 진심으로 사랑하지도, 그 가치를 알고 소중하게 여기지도 않는다면 가능한 한 빨리 다른 길을 찾기 바란다.

수십 년 동안 그 건물에 머물게 될 사람들은 성실하고 최선을 다하는 건축가를 만날 자격이 있다.

자신의 능력을 결코 과소평가하지 말라.

당신이 얼마나 큰 성취를 이룰 수 있는지는 스스로도 다 알지 못한다.

새로운 것에 도전하라. 세상과 자신을 끊임없이 탐구하라.

암르 아민 Amr Amin

원 디벨롭먼트 개발책임자다. 2023년부터 2년 동안 나인야즈부동산개발 수석 디자인 매니저를 지냈다.

엮은이 소개

켄 양 Ken Yeang

지속가능한 디자인 분야에서 오랜 경력을 쌓아온 건축가이자
생태학자다. 현재 건축사무소 T. R. 함자&양의 전무이사를 맡고 있다.
런던과 쿠알라룸푸르에 사무소를 둔 이 회사는 생태적 건축 설계와
환경친화적 도시계획에서 세계적인 명성을 자랑한다.
그의 선구적인 작업은 1971년 케임브리지대학교에서 시작되었으며,
지난 40여 년 동안 생태 건축을 발전시키는 원칙과 시스템을
구축해왔다. 그의 사명은 건축 설계를 통해 지구를 구하고, 기후붕괴를
되돌리며, 넷제로Net Zero와 탄소중립의 미래로 나아가는 것이다.
이러한 비전은 그의 건축물과 열두 권이 넘는 저서에 오롯이 담겨 있다.
그의 건축은 푸른 생물학적 요소(녹지)를 적극적으로 활용해 지역
생물다양성을 촉진하는 서식지를 조성함으로써 인간이 만든
건축물을 단순한 구조물이 아니라 살아 있는 생태계로 확장한다.
그는 런던에 위치한 영국건축협회 건축학교에서 수학했으며,
케임브리지대학교에서 박사 학위를 받았다. 박사 학위 논문의 제목인
〈자연과 함께 디자인하기Designing with Nature〉(1985)는 그의
건축 철학을 대표하는 이정표가 되었다. 현재 케임브리지대학교
울프슨칼리지의 명예펠로우로 활동하고 있다. 그가 건축
분야에서 이룬 혁신적인 업적은 국제적으로도 폭넓게 인정받았다.

아가칸건축상, 프린스클라우스상, 오귀스트페레상, 량쓰청건축상, 머르데카상, 말레이시아건축가협회 금메달 등 다수의 권위 있는 상을 수상했다. 또한 자연 기반 건축에 대한 헌신으로 《가디언》이 선정한 '세상을 구할 수 있는 50인'에 이름을 올리기도 했다.

클리퍼드 피어슨Clifford Pearson

건축, 도시계획, 문화 분야를 아우르는 작가이자 편집자다. 26년 동안 《아키텍처럴 레코드Architectural Record》에서 부편집장과 선임 편집자를 지냈으며, 현재는 객원 편집자로 활동하고 있다.

2018년부터 2020년까지는 건축회사 KPF에서 편집국장을 지냈으며, 그 이전인 2016년부터 2018년까지는 서던캘리포니아대학교 건축대학 산하 아메리칸 아카데미 인 차이나American Academy in China를 이끌었다. 또한 강의를 맡아 후학을 양성하기도 했다.

2008년부터 2013년까지 그는 아시아 지역의 《아키텍처럴 레코드》 차이나의 보도를 총괄하며 편집장을 맡는 등 아시아에서 활발히 활동했다. 저서로는 《세계와 디자인The World by Design》(2019, 유진 콘 공저), 《인도네시아: 디자인과 문화Indonesia: Design and Culture》(1998) 가 있으며, 《현대 미국의 집들Modern American Houses》(1998)의 편집을 맡기도 했다. 또한 2004년과 2006년 베니스 건축 비엔날레 미국관

공동 큐레이터를 역임했다. 코넬대학교에서 도시학 학사 학위를,
컬럼비아대학교에서 건축사 석사 학위를 취득했다. 2021년부터는
뉴욕의 그리니치 빌리지에서 열리는 예술과 사회운동을 기념하는
연례 축제 '빌리지 트립'의 공동 미술감독을 맡고 있다.

라그다 알하얄리Raghda AlHayali

두바이에서 건축가로서의 여정을 시작해서 현재는 캐나다에서
활동하고 있는 밀레니얼 세대의 건축가다. 아즈만대학교에서 건축공학
학사 학위를 우수한 성적으로 취득했으며, 도면과 강철의 세계를
벗어나서는 글쓰기를 통해 창의성을 펼친다. 열세 살에 온라인 저널을
시작한 이후 줄곧 글쓰기를 든든한 동반자로 삼아왔다. 독창적인
콘텐츠로 주목을 받은 그녀의 저널은 전국 신문과 라디오 방송의
관심을 끌기도 했다.

알하얄리에게 글쓰기는 디자인과 같은 의미를 지니는 예술이다.
그녀는 건축을 아이디어를 표현하는 매개체로 받아들여, 숨겨진
상상을 눈에 보이는 디자인으로 옮겨 세상을 빚는다. 단순히 건축물을
짓는 데 그치지 않고 건축가와 사회 전체의 미래를 긍정적으로 바꾸는
것이 그녀의 꿈이다.

이미지 출처

찾아보기

옮긴이 정지현

스무 살 때 두툼한 신디사이저 사용설명서를 번역한 것을 계기로 번역의 매력과 재미에 빠졌다. 대학 졸업 후 출판번역 에이전시 베네트랜스 전속 번역가로 활동 중이며 현재 미국에 거주하면서 책을 번역한다. 옮긴 책으로는《행동하지 않으면 인생은 바뀌지 않는다》《창조적 행위》《타이탄의 도구들》《콜미 바이 유어 네임》《노인과 바다》등이 있다.

팁 프롬 더 탑

1판 1쇄 찍음	2026년 1월 22일
1판 1쇄 펴냄	2026년 1월 29일

엮은이	켄 양, 클리퍼드 피어슨, 라그다 알하얄리
옮긴이	정지현
펴낸이	김정호

책임편집	이형준
편집	유승재
디자인	형태와내용사이, 박애영
마케팅	나영균, 박태준
경영기획	박정은

펴낸곳	디플롯
출판등록	2021년 2월 19일(제2021-000020호)
주소	10881 경기도 파주시 회동길 445-3 2층
전화	031-955-9504(편집)·031-955-9514(주문)
팩스	031-955-9519
이메일	dplot@acanet.co.kr
페이스북	facebook.com/dplotpress
인스타그램	instagram.com/dplotpress

ISBN	979-11-93591-49-9 02540

디플롯은 아카넷의 교양·에세이 브랜드입니다.